启真馆 出品

VENICE · SIMPLON

流动的餐桌

世界铁路饮食纪行

FOOD ON THE MOVE
Dining on the Legendary Railway Journeys of the World

〔美〕莎朗·哈金斯 主编 徐唯薇 译

EDITED BY SHARON HUDGINS

ZHEJIANG UNIVERSITY PRESS
浙江大学出版社

美国大北方铁路卧铺车上的餐车，英国《画报》，1879 年 11 月。

联合太平洋铁路上的餐车，这条铁路是美国第一条横贯大陆铁路的一部分，英国《画报》，1870年1月。

纪念密苏里－堪萨斯－得克萨斯铁路上的司炉工

劳伦斯·M.威尔顿，他让我终身热爱列车

献给汤姆·哈金斯，

他是我跨越四大洲铁路时的旅伴，

无论我们搭乘的是蒸汽机车还是"子弹列车"

前　言

你也许会认为我和莎朗·哈金斯是在铁路餐车上认识的。并不是。我们的邂逅并不像希区柯克导演的惊悚电影《西北偏北》中的加里·格兰特与伊娃·玛丽·森特那样，而是一种更平凡无奇的方式，与对方偶然相遇。我们两人都致力于探索并报道铁路旅行和餐车经历，包括在列车上不期而遇的烹饪体验（无论独一无二还是质朴寻常），也包括我们与其他乘客感受过的喜悦和失望，以及铁路旅行中享用的美味佳肴的菜谱等等。我们对"列车厨房中正发生些什么"保持着长久的兴趣，这为本书呈现的故事增添了真实感与可信度，并且让它值得一读。

本书是国际铁路餐食的第一手总结概要，出自多位经验丰富的旅行作者、文化评论员和学者之手，而他们无一例外都是铁路迷。无论如何，"在火车上吃饭"这种事在除了南极洲的每个大陆、每个有城际列车奔驰的地方都会发生。一开始，人们只是大嚼铁路轨道边被碾死的动物，后来小贩开始在火车和站台上向乘客兜售食物，再后来铁路时刻表中会为预先安排的车站留出 20 分钟"茶点时间"，在长距离列车和奢华短途旅行中还会端上获奖菜肴——铁路餐饮在不断发展演变。除了为乘客烹饪被碾死的动物之外，这些形形色色的体验至今仍在继续。

作为本书编者，莎朗·哈金斯通过整合 8 位不同作者的记录，从不同视角为读者带来了不同的体验，使我们能够观察铁路如何在通常颇具挑战的情况下与乘客在餐桌上相遇、满足人对食物的基本需要，并在此过程中获得知识与趣味。在读完这本书之后，如果你要亲身搭乘书中的任何一条铁路线的列车旅行，你会知道要对这次旅程抱怎样的期待。如果你只是安坐家中神游四方，仍然可以间接体验这次旅程。又或者，你可以亲自下厨，照书中的菜谱烹饪，从而再次创造无数次列车用餐的经历。

你也许会问，在列车上用餐究竟有何不同，那么试想一下周围的环境：在狭长的餐车内，绝大多数情况下，一组厨师正在窄小的厨房里准备餐食。在这样的环境里，每天必须在三个三小时的周期内准备好一百到三百份餐食（含早午晚餐），而且整个车厢还处于运动之中。所有的食材都必须准备充足。如果某种食材告罄，厨师既不能打发服务生到隔壁餐馆去取一些，也不能让他去市场采购。固定的餐馆能够知晓主顾的食物偏好，但餐车必须为之提供服务的对象包括儿童、经商者、退休老人、农民、城市居民、度假者，以及不时出现的骑行者、牛仔或者新婚夫妇。我曾经坐在美国国铁①的"帝国建设者"号②上，和一位电影制片厂的管理人员、一位逃离家暴丈夫的女性，以及一个在监狱里服满五年刑期之后正要返乡的男人同桌吃早餐。男人因为听到服务员提及"火鸡熏肉"而恐惧畏缩起来。"在监狱里只给我们供应这些，"他解释道，"不是火鸡熏肉就是火鸡香肠。"

很久以前，铁路就精心安排了不同的对策以应对这些挑战。经过设计的厨房足以为制作套餐的流水线提供充足的空间。为了安全起见，地板覆盖上了有孔的地垫，以减少滑倒的概率。炉灶上安装了格栅，防止车厢晃动时食材从锅里洒出。同样，橱柜也配备了置物架或是安全锁。食谱上所列的食材都是随处可见、方便采购的东西，绝对必要时可以在列车经停的车站获取。食谱中也几乎没有什么需要准备的步骤。此外，为了便捷高效，通常在装上列车前就会在铁路物资供应所把食材混合好。举个例子，我们现在所知的比司吉粉③，也就是用面粉、起酥油、泡打粉和盐混合的综合粉，就是几十年前在美国南太平洋铁路的餐车部被首先研制出来的。

有了上述内容作为所有列车用餐的共同背景，本书的各个章节覆盖了所有类型的用餐体验——从过去到当代，从独特奢华的短途旅行到按时刻表出发的常规铁路旅行。既有南非的蓝色列车（Blue Train）和"非洲之傲"号（Pride of Africa）列车、欧洲的东方快车（Orient Express）和"飞翔的苏格兰人"号（Flying Scotsman）列车、美国的圣塔菲"超级酋长"号（Super Chief）列车，也有加拿大维亚铁路（VIA）④在工作日开行的长途列车、俄罗斯的跨西伯利亚铁路、日本的新干线（"子弹列车"，Bullet Train）和印度的大吉岭—喜马拉雅铁路。所有这些列车都应对了长途列车上无处不在的餐食服务挑战：提供令人难忘的特色菜肴，使用地区特有的食材和烹调技巧，并且满足单个乘客的用餐需求。

本书的国际视野为其注入了丰富多样的内容，为铁路迷提供了趣味横生的细节（历史小插图、菜谱操作挑战、设备细节等），为宅家读者带来了消遣娱乐（华丽的视觉效

---

① 美国国铁（Amtrak），即美国国家铁路客运公司（National Railroad Passenger Corporation）的商标和常用简称，是由美国（America）和铁路（track）组成的合成词。——如无特殊说明，本书注解均为译者注。

② "帝国建设者"号列车（Empire Builder），是由美国国铁运营，运行在美国中西部及西北太平洋地区的长途客运城际列车。列车由芝加哥联合车站始发，经由华盛顿州的斯波坎分为两支，分别前往西北太平洋沿岸两座大城市西雅图和波特兰。该列车是美国国铁客流量最高的长途城际列车，每日开行，年客运量为 50 万人次。

③ 比司吉粉（Bisquick），在小麦粉里加入蓬松剂等材料混合后的一种万能松饼粉，很受美国人的喜爱。

④ 加拿大维亚铁路（VIA Rail Canada，简称 VIA），是加拿大政府所有的全国性铁路客运服务公司，提供长途与城际客运服务，于 1978 年开通营运。

果、形形色色的路线、与其他乘客的不期而遇），并为美食家奉上了惬意满足（菜单细节、餐食描述，以及为列车上供应或是站台出售的食物列出了地道易做的菜谱）。

　　此外，本书让我们注意到了全世界列车用餐体验中的相似与不同之处。在澳大利亚，我在车站邂逅"加油小屋"，在内陆地区目睹"甘"号列车的乘客在漫长的中途下车等待时间里狩猎，或者看到飞行器在火车晚点期间向乘客投掷供给的食物。我们会发现，整本书都致力于挖掘车站午餐柜台背后的故事。以日本为例，这些柜台是为搭乘新干线的乘客提供盒装便当的。我们还遭遇了印度的种姓制度，这种制度不只规定了列车乘客能够食用何种食物，也限制了某个人在进餐时能够拥有怎样的同伴。这本书还让我们注意到，其他乘客的相伴左右和不断变化的全景式景色，还有令人印象深刻的精美菜肴、构思新颖的基本菜式以及富有地方特色的烹调，伴随着餐车每日铃声而来的激动与期待，这一切一同构成了全世界铁路旅行与用餐中共通的愉悦。

詹姆斯·D. 波特菲尔德

西弗吉尼亚戴维斯暨埃尔金斯学院

铁路旅游中心主任

法国国际卧铺车公司运营的巴黎—里昂—地中海线路上的广告海报，

让·拉乌尔·肖朗－诺哈克绘，1927 年。

导　言

莎朗·哈金斯

全体上车，让我们踏上遍及全世界九段铁路的美味之旅吧！和我们一起，在世界上最长的客运铁路上用餐，在地球上最快的火车上品尝美食，或者是在全球最短、最慢、最高的铁路线上享用辛辣的印度咖喱角[①]。

一起来发现东方快车优雅的餐车中供应的高级菜肴、圣塔菲"超级酋长"号上的美式牛排配鸡蛋，以及跨西伯利亚铁路沿线的家庭烹制的俄式地区风味餐吧。在加拿大广袤无垠的中部内陆和澳大利亚尘土飞扬的内陆地区大快朵颐。在"飞翔的苏格兰人"号上抓起名声欠佳的"英国铁路三明治"大口咀嚼。在蓝色列车的酒吧，一边透过精心掺杂了金色沙尘的玻璃窗眺望壮丽景色，一边啜饮南非美酒。

从挤在货车车厢里的流浪汉，到搭乘私人车厢旅行的国王；从坐在黑暗油腻、煤烟缭绕的机车车场里的印度工人，到坐在整洁明亮的新干线候车室里的日本旅行者；从等待被运上战争前线的军人，到前往监狱的囚犯；从每天匆忙通勤的上班族，到身穿皮草、香水馥郁，在列车穿过巴尔干半岛时敏捷地溜进某个英俊陌生人车厢的贵妇人，铁路旅行的意义对不同的人而言大相径庭。无论是第一次离家的年轻人，还是穿着入时、携随从一同出行的皇太后，对很多人来说，铁路旅行还有着浪漫、冒险的成分。但无论铁路旅客的人生境遇如何、旅行条件怎样，他们都要吃东西。

我编辑这本书的因缘开始于很早之前：那是一条从得克萨斯开始，最终通向西伯利亚的钢铁纽带。我作为"铁路之女"在丹尼森长大，那是一个靠近俄克拉何马边界的得克萨斯小镇。丹尼森在美国铁路的历史上拥有特殊地位。1869 年，当联合太平洋铁路和中央太平洋铁路在犹他州的普罗蒙特里汇合时，第一条横贯北美大陆的铁路首次连接起了美国东西海岸。三年后，首班客运列车从北面驶入得克萨斯，在丹尼森火车站停留。在接下来的 1873 年，当休斯敦和得克萨斯中央铁路在丹尼森小镇与密苏里—堪萨斯—得克萨斯铁路（简称 M-K-T 铁路，昵称"凯蒂"）汇合时，整个美国终于被铁路连接起

[①]　印度咖喱角（Samosa），一种以面粉皮包裹咸味馅料的油炸或烘焙小吃。

来，这两条铁路串联起了南方的墨西哥湾沿岸地区和北方的五大湖区。

好几十年后我出生时，我的父亲正在 M-K-T 铁路上担任司炉工，往这条线路上最后的内燃机里铲煤。他的祖父曾是俄克拉何马的"凯蒂"铁路上的指挥员，我们另外的一些亲戚也曾在人生的不同阶段在铁路上工作。这条铁路是我故乡的血脉，从小我的周围就有许多铁路职工。

当我还只有六周大的时候，母亲第一次带着我坐火车，向北旅行几百英里，到艾奥瓦州去看外祖父母。1949 年，我们全家人搭乘火车从丹尼森出发，去参观芝加哥铁路展，那时我还很小，现在只能从父亲拍摄的 8 毫米影片中回忆这次旅行：展会上展出的充满历史气息的蒸汽机车、崭新的柴油内燃机和餐车，以及多姿多彩的"车轮向前"露天历史剧演出——其中有牛仔、印第安人和真正的火车，盛赞了铁路在美国发展过程中扮演的角色。

我童年的第一次真切的铁路回忆，是深夜躺在窗户大开的卧室里，等待听到父亲工作的火车在穿过最后一条街道时鸣响汽笛，然后大型蒸汽机车驶入我们小城里红砖修建的火车站。只有在知道父亲已经安全到家的这个时候，我才能够安心入睡。

这些早年经历给我心中注入了对火车的终生热爱。我还是个小姑娘的时候，我们一家曾经乘坐火车驶向华盛顿特区联合火车站，参观国会大厦和白宫，然后搭乘圣塔菲"超级酋长"号前往洛杉矶游览迪士尼乐园。青少年时期，我曾经多次乘坐得克萨斯特别号，横穿得克萨斯与俄克拉何马。大学暑假，我在首都的政府部门实习，有时会在周末跳上火车去费城、纽约和阿巴拉契亚山脉中的一些小镇。离开得克萨斯去密歇根读研究生时，我并没有像大多数学生一样坐飞机，而是沿沃斯堡①—芝加哥—底特律的线路乘坐火车，搭乘一些列车尾部的长途客车车厢。虽然现在看来已经破旧不堪，但那些火车当时仍然还在运营。

这些早年间的铁路旅行之所以能够实现，是因为我们全家人都可以持发放给铁路职工的通行证免费乘坐火车。但我们从来都负担不起在餐车用餐或者在卧铺车厢休息的费用，我一直梦想着有一天能够享受这两种待遇。和大多数工薪阶层一样，我们从家里带食物上车，夜间在座席车厢的位置上睡觉。偶尔被允许从身着白色外套、穿过车厢叫卖小吃的列车员那里买一个火腿三明治和一瓶可口可乐的时候，我认为这已经是一种真正的享受了。虽然这些昂贵的三明治只是两片涂了淡淡黄油的欢乐牌面包②，中间夹着一片非常薄的火腿和一片软塌塌的生菜叶子，但我从来不介意。对我来说，在火车上购买食

---

① 沃斯堡（Fort Worth），得克萨斯州第六大城市，位于达拉斯以西 30 英里。
② 欢乐牌面包（Wonder Bread），一个在北美商店出售的面包品牌。

抵达布加勒斯特的威尼斯辛普朗东方快车，2012 年。

行驶在北领地艾利斯斯普林斯的澳大利亚"甘"号列车，2008 年。

物这件事本身就是非同寻常的。

我只体验过一次美国餐车的豪华。充分考虑过预算之后，我点了菜单上最便宜的东西。我还记得那个俱乐部三明治的模样和味道：三片烘烤过并涂好蛋黄酱的面包厚厚地叠在一起，里面有熏肉、生菜、番茄和火鸡肉，面包被切成四个优雅的三角形，放在厚重的白色瓷盘里端上来，旁边还放着几块薯片。

成年之后，我继续在世界各地乘火车旅行。在第一次欧洲旅行的途中，我带着英国火车通票，在两周时间里周游英国，先是搭乘"飞翔的苏格兰人"号从伦敦前往爱丁堡，接下来坐另一班火车前往这条线路的终点：苏格兰远北海岸的瑟索。使用欧铁通票，从阿姆斯特丹出发，经由巴黎和日内瓦前往罗马，我透过一等车厢的窗户看遍了欧洲大陆。在去巴黎的全欧快车（TEE）^①的流线型车厢里，我第一次品尝了法餐，餐桌上铺着整洁的白色桌布，摆放着高脚玻璃杯；在从日内瓦到佛罗伦萨的旅途中，我在一个意大利家庭的包厢里，和他们分享了萨拉米香肠^②和一瓶葡萄酒；我还和从慕尼黑上车的德国学生们一起喝过啤酒。我从月台的小贩手上和车站附近的小店里买过打包带走的食物。在等下一班出城列车的时候，我在车站咖啡馆的咖啡和点心前徘徊。我独自在欧洲旅行了三个月，没有预订任何车票，甚至也没有行程单，只是简单看看车站里公布的时刻表，参考手上的地图之后就快速登上火车。

后来，在旅居国外的多年时间里，我经常在欧洲和亚洲乘坐当地火车上下班。我曾搭乘德国城际快车（ICE）、法国高速列车（TGV）和日本的新干线（"子弹列车"）长途旅行，也曾坐在欧洲之星列车上穿过伦敦和巴黎之间的英法海底隧道^③，还曾经在从开罗驶往卢克索的维多利亚时期的卧铺车厢中过夜，虽然车厢看起来像是从维多利亚时期开始就没有清洁过。最后，在 20 世纪 90 年代，我童年时的梦想——在跨西伯利亚铁路上乘火车旅行——成为现实，这是任何一个火车迷终其一生所追求的旅行。

我在这些列车上和车站的餐厅里，以及从车厢里持证推车叫卖的小贩和铁轨边站台上的流动摊贩手上购买和品尝了四大洲的美食。因此，有机会编辑这本讲述在世界最著名的铁道上旅行时所品尝的美食的图书，并且能够亲自撰写跨西伯利亚铁路的章节，让我感到十分愉快。

这本书的所有作者都亲自乘坐过他们笔下的列车，或者通过其他方式对它们有过

---

① 全欧快车（Trans Europe Express），是从 1957 年到 1987 年间运行在欧共体成员国、奥地利和瑞士之间的国际快速列车，该列车的一个显著特点是列车编组仅设一等车厢。

② 萨拉米香肠（Salami），又译"意大利香肠"，是欧洲的一种风干猪肉 / 牛肉香肠，有些地区会使用马肉制作。

③ 英法海底隧道（the Channel Tunnel）位于英吉利海峡多佛尔水道下，连接英国的福克斯通和法国加来海峡省的科凯勒，长 50.5 公里，是世界第三长隧道。

直观了解。来自苏格兰的食物历史学家亚当·巴里克曾在 1988 年澳大利亚的一次蒸汽机车展上第一次看到"飞翔的苏格兰人"号，后来他亲自前往英国，在位于约克郡的国家铁路博物馆参观了这列著名的火车，它在这里作为"运作中的博物馆展品"永久展出。荷兰的铁路设计历史学家亚利·德波尔则在 2012 年沿着辛普朗东方快车（Simplon Orient Express）的原始路线，从巴黎去往伊斯坦布尔，重现《生活》杂志的摄影记者杰克·伯恩斯[①]1950 年乘坐这趟列车时的旅程。烹饪历史学家戴安娜·诺伊斯搭乘"甘"（The Ghan）号列车，从北向南纵贯澳大利亚；这条线路正式肯定了 19 世纪中期的中亚骆驼队的丰功伟业，他们开辟了澳大利亚中部地区的交通。[②]记者朱迪·克洛瑟自东向西横穿加拿大，体验了从前"国家修建"（national-building）的加拿大太平洋铁路的现代版本。大学教授兼日本料理与文化专家梅丽·怀特，曾经多次搭乘新干线穿越日本国土。铁路作者与记者卡尔·齐默尔曼，在 1969 年首次乘坐重新装潢的圣塔菲"超级酋长"号，并在 1985 年至 2015 年间又乘坐了 10 次该列车的后继者——美国国铁的"西南酋长"号（Southwest Chief）。齐默尔曼分别在 1977 年和 2000 年透过豪华的蓝色列车车窗饱览了南非景色，还体验了奢侈的"非洲之傲"号。大学教授、社会历史学家和自诩"狂热火车迷"的阿帕拉吉塔·慕克帕德亚是在乘坐印度火车的过程中成长的，在只有 8 个月大时她就第一次坐了火车，从德里前往加尔各答。此外，我也多次在俄罗斯的跨西伯利亚铁路上旅行，搭乘过从硬座到奢侈包厢的各类车厢，在这条传奇性的线路上跨越了近 7 万公里路程。

许多铁路旅程都被人称为"传奇"，如果要一一介绍的话，这本书的厚度至少会是现在的两倍。本书中的 9 次旅行，因为它们的独特性（长度、速度和海拔）、地理多样性、在铁路领域之外（艺术、文学、音乐和电影）的声名、在国家发展过程中的重要性，以及所代表的饮食文化等特质而入选。有时某条线路会兼具几种特质。

总体说来，本书的各个章节构成了一席名副其实的流动盛宴，8 小时的大吉岭—喜马拉雅之旅是辛辣诱人的开胃菜，加拿大太平洋铁路上 7000 公里的旅途可充当一道暖心的浓汤，持续一周的跨西伯利亚铁路之旅是容易填满肚子的主菜，在东方快车上的 3 天时间则是浓厚而令人满足的甜品。然而，本书并不仅仅是一次对世界传奇铁路旅程的当代盘点，每个章节还追溯了这些火车的历史，聚焦过去不同时期乘客能够享用的食物，有时甚至上溯到 19 世纪的早期铁路旅行。作者们还考虑到了地理、政治、经济、社会阶层、旅行者的期待甚至宗教等因素，这些因素如何在近 150 年的时间里影响乘客

[①]　杰克·伯恩斯（Jack Birns），美国摄影师，在摄影界广为人知，是《生活》杂志的获奖外国记者。
[②]　关于"甘"号与中亚骆驼队的历史渊源，详见本书第 6 章。——编注

在车上车下能够吃到什么。

谁知道呢？世界变化得如此之快，未来我们可能会乘坐磁悬浮列车滑行，而机器人在车上烹饪、摆盘，为乘客送上食物。让我们全部上车吧！

菜谱小贴士

本书中的所有菜谱都是由单独的作者提供的，他们在自己的厨房里尝试和品尝了这些菜肴。这些菜谱全部使用标准的公制测量单位写就。"茶勺"和"汤勺"分别指的是能够容纳 5 毫升和 15 毫升液体的勺子。另外，虽然全世界大多使用克和千克来衡量固体食材，对美国厨师而言，"杯"和"一杯的多少份"却不光用来衡量液体，还衡量固体食材。一个美制杯等于 8 美制液体盎司（约 240 毫升）。烤箱温度和烘焙时间是针对标准式烤箱的，而非对流式烤箱。

关于引文出处

本书各个章节都有每位作者引用的引文资料，有的出自旧报刊、书籍，可追溯至 19 世纪；有的出自当代著述或网络，甚至包括作者从亲身交流中得到的信息。这些引文从本书正文第 2 页开始出现，每章都从上角标（1）开始编号，具体内容则统一放在第 227 页起的位置。有兴趣的读者可以按图索骥。

目　录

正跨越英国特威德河畔贝里克皇家边境大桥的"飞翔的苏格兰人"号，2016 年。

在首次直达爱丁堡的运营过程中离开伦敦国王十字车站的"飞翔的苏格兰人"号，1928 年。

三明治、咸点和草莓菲士 [①]：
在疾驰的"飞翔的苏格兰人"号上用餐

亚当·巴里克

　　"飞翔的苏格兰人"是备受喜爱、大有名气的英国蒸汽机车的名字，也被用来称呼行驶在从伦敦到苏格兰首都爱丁堡线路上的整列火车。"飞翔的苏格兰人"号是英国第一台时速超过 100 英里（约 161 公里）的蒸汽机车，并因此在该国铁路史上获得了不朽的地位。2004 年，在停止运营 40 年之后，位于英格兰地区的约克国家铁路博物馆买下了这台蒸汽机车，其费用大部分来自公众的捐献。2016 年，在耗资 420 万英镑进行修复之后，"飞翔的苏格兰人"号蒸汽机车从伦敦的国王十字车站驶向约克火车站，沿途有上千人目睹了这一过程。

　　"飞翔的苏格兰人"号开始于 19 世纪中期。当时，在伦敦分别通往苏格兰东西两岸的主要城市格拉斯哥和爱丁堡的线路上，有几家公司在进行一系列激烈的铁路竞争，它们运营的火车被称为苏格兰快车。在东岸，则是许多小型独立公司在连接伦敦与爱丁堡的东海岸主线 [②] 上创设了不同的运营段。但经过收购与合并的过程之后，很快就在沿线形成了三家主要公司，即英国北部铁路、英国东北铁路和大北方铁路。1860 年，这些公司合作创办东海岸股份公司，拥有共享的客运行李车队。

　　这次合作的产物是第一批苏格兰特快列车。从 1862 年开始，这班列车每天 10 点同时从伦敦国王十字车站和爱丁堡威瓦利站对开。到了 19 世纪 70 年代，苏格兰特快列车的惯用名变为"飞翔的苏格兰人"。

　　《1921 年铁路法案》把英国当时的所有铁路公司合并为"四大"铁路公司，运营苏格兰特快列车的股份公司成为新建立的伦敦和东北铁路公司的一部分。1923 年，编号为 1472 的新型蒸汽机车从英格兰地区的唐凯斯特铁路厂驶出。1924 年，在充分考虑公众意见之后，伦敦和东北铁路公司在当年举办的大英帝国博览会上，正式将展出的这种

---

① 菲士（fizz），一种用柠檬、糖浆、苏打水配制的鸡尾酒。

② 东海岸主线（the East Coast Main Line），是英国的主要铁路干线之一，通称"ECML"。东海岸主线的起点是伦敦的国王十字车站，终点是爱丁堡的威瓦利站。

蒸汽机车（重新编号为 4472）以及整列火车都命名为"飞翔的苏格兰人"。1928 年 5 月 1 日，"飞翔的苏格兰人"号成为首列从伦敦直达爱丁堡的火车，这是当时世界上最长的固定班次直达列车。

"飞翔的苏格兰人"号蒸汽机车本身在 1934 年再度创下了一项世界纪录，成为首台时速正式达到 100 英里的机车。这些破纪录的成就以及铁路公司的宣传推广，让"飞翔的苏格兰人"号成为英国最著名的火车，至今仍然如此，全世界的火车爱好者都听闻过这列火车的大名。

虽然"飞翔的苏格兰人"号作为英国铁路旅行之舒适与奢华的代名词而广为人知，但英国却花费了数十年的时间才实现了这样的高标准铁路旅行。和现在许多搭乘廉航的旅客一样，19 世纪苏格兰特快列车上的早期旅行者们并没有对舒适和奢华抱有太高的期待。旅行的速度是首要的考虑，因为在改进了道路和马车的设计之后，从伦敦坐马车前往爱丁堡还是要花费好几天的时间。苏格兰特快列车上没有用餐设施，车厢里也没有走廊或者过道。站台上的乘客们直接通过一个个单独的门走进各自的包厢。最初，乘火车从伦敦驶达爱丁堡要花十个半小时，在 1890 年缩短到了八个半小时，其中包括在约克站停留的二十分钟茶点时间。虽然相比马车旅行取得了巨大的进步，但这仍然不是一次非常安逸的经历。在"飞翔的苏格兰人"号开始运营后的最初三十年里，乘客们的食物还局限于自己带上火车或者是在约克站停留的短暂茶点时间里购买。当时的火车上缺乏如厕设施，这些早期旅行者关注更多的可能是尽快奔向车站的厕所，而非车站食物令人质疑的口味。

绝大多数主要的经停站点都提供食物，有的是从车站站台上的茶点推车向乘客出售，有的在站内的茶点间供应。茶点推车里的商品不可避免地都是能够快速食用的东西：冷热饮料、蛋糕、新鲜水果和三明治等。茶点间供应的食物种类更加丰富：典型的由汤、鱼类、烤肉、甜点和奶酪组成的套餐。但不管怎样，在如此短暂的时间内吃下这么多食物是个明显的挑战，还有一定危险性。在约克站的茶点铺子关闭几十年之后，人们还回忆道：

> 午餐在站台上的茶点室里供应。很久以前，汤刚端上桌的时候实在太烫，"回到车上座位"的大喊声响起时，许多乘客才只喝了几勺汤，就不得不带着还火烧火燎的舌头急匆匆返回列车。所以有经验的旅行者通常不喝汤，好尽量大嚼其他菜肴。[1]

这些茶点主要是由铁路公司供应的，当时的一位作家将约克站的食物描述为"值得最高级别的赞美"[2]。然而就在不久之后，火车站的食物得到的评价总体上就变成了差评，人们尤其对铁路三明治感到不满。甚至在 19 世纪 60 年代，在苏格兰特快列车投入使用的几年之前，铁路三明治已经变成喜剧形象被英国人接受了，并在 19 世纪剩余的时间里始终是被人嘲讽的对象。有关于它，有这么一条 1884 年的评论："铁路三明治的存在本身，以及它在全国范围内的流行，长期以来都是引发人们的恐惧与医学界的焦虑的原因之一。"(3) 还有一则 1890 年的小故事：

一家知名的茶点供应商给我们写来一份否认声明，语气强硬地否认了在过去几天里流传的一篇报道，该报道称此供应商接受了用他们著名的铁路三明治重新铺设河岸街①的合同。(4)

19 世纪的英国小说家安东尼·特罗洛普②也曾经生动地描述过这种令人不快的三明治：

报纸常常告诉我们，英国总是为这为那感到耻辱：为我们陆军的迟滞呆板、我们海军的不堪胜任、我们不理性的法律、我们难以动摇的偏见等等。但英格兰真正的耻辱应该是铁路三明治，它和伪君子一样，外表看起来彬彬有礼，然而内在贫弱乏味、空无一物。它让我们知道，这些可怜的动物骨头在被人送进厨房的汤锅之前，上面的肉就已经被剔除得干干净净了。(5)

因此，许多乘客会优先选择购买午餐篮带上火车，而不是把钱花在劣质三明治上，也就不足为奇了。

生活在维多利亚时代的人们以及 20 世纪早期的旅行者们，当然可以自己在家里打包午餐篮带上车，但很多人都选择购买现成的。乘客可以在火车站订购柳条编织的午餐篮，很多旅馆也会应客人的请求提供午餐篮，不过通常的做法是向火车上的警卫（指挥员）预订。空篮子稍后会被归还到铁路公司，由开往对向的火车送回始发地。对于"飞翔的苏格兰人"号上的乘客而言，午餐篮的出现消除了在约克火车站匆忙用餐的不便。

虽然铁路午餐篮里的食物在严格意义上不能称作美味佳肴，但它们还是为长途旅行的乘客提供了必要的营养。一则米德兰铁路公司③在 19 世纪晚期发布的广告上写着该

---

① 河岸街（the Strand），英国大伦敦地区辖下西敏市一条街道的名称，查令十字火车站坐落于此。
② 安东尼·特罗洛普（Anthony Trollope，1815—1882），英国维多利亚时代最为著名的小说家之一。
③ 米德兰铁路公司（the Midland Railway Company），1844 年至 1922 年间英国的一家铁路公司。

东海岸股份公司北行列车中的一等座餐车内部，由东北铁路公司（NER）运营，1909 年。

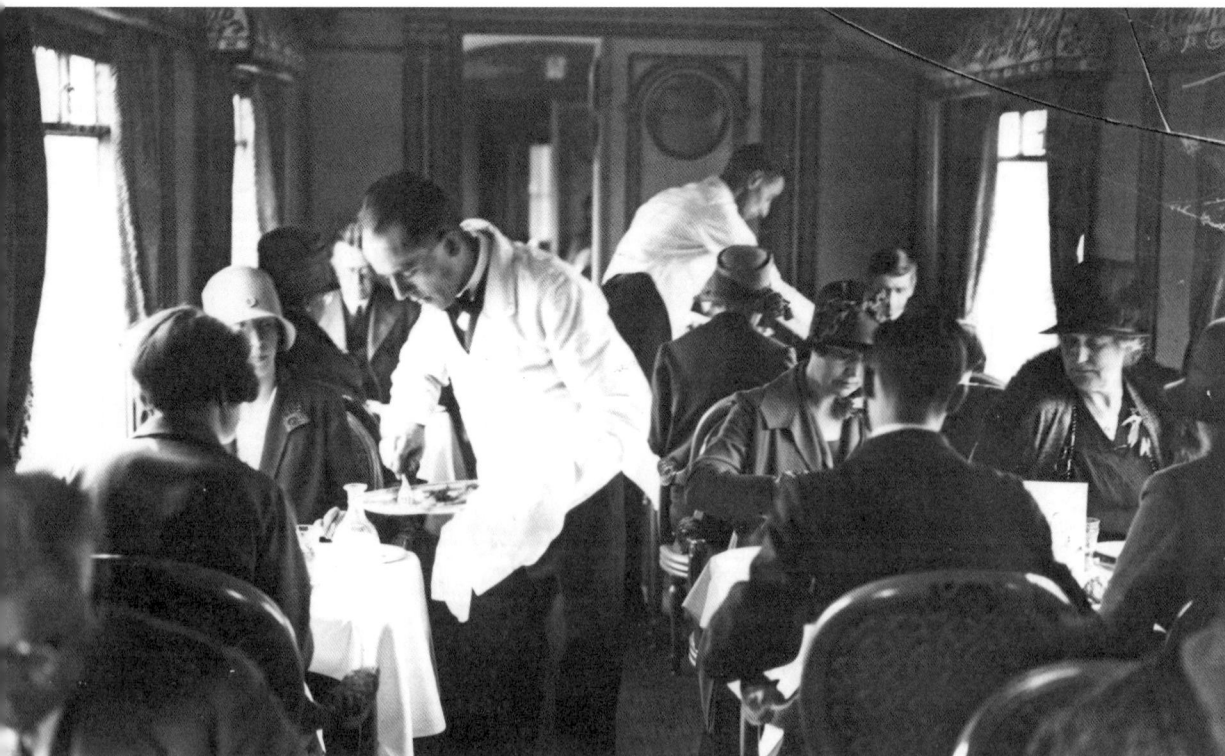

"飞翔的苏格兰人"号的一等座餐车正在供应午餐，1928 年。

公司在几个站点提供冷热午餐篮，篮内包括冷沙拉或者热蔬菜、面包、黄油和奶酪，饮料从半瓶勃艮第葡萄酒、波尔多葡萄酒、烈性黑啤或者瓶装水中选一种。广告还写道："请希望订餐的乘客在列车警卫经过时告知他们，他们会在必要时通过电报（免费）通知车站准备。"(6)

在 20 世纪上半叶，英国铁路旅行的奇景之一是：有三等座，却没有二等座。这种不同寻常的现象源自《1844 年铁路法案》，该法案旨在为铁路旅客提供最低限度的服务标准，并且保证把价格控制在贫苦人民可负担的范围内。然而，该法案所带来的净效应①是，三等座的标准自 1870 年之后逐步提高，直到进入 20 世纪头十年二等座被废除。与火车布局和车厢设计的这些改变相伴而来的是旅行时间的缩短，人们承担得起也希望能够得到舒适的旅行体验。因此，在 19 世纪下半叶，苏格兰特快上的旅客数量不断增加。

19 世纪 70 年代晚期之后，英国的铁路公司从当时的美国铁路中获得了启发，逐渐在他们的列车编组内安排餐车。然而直到 1892 年，"飞翔的苏格兰人"号上的一等座乘客们才拥有了餐车。19 世纪末期，"飞翔的苏格兰人"号的一等座餐车能够让 18 位乘客落座，然而三等座车厢却足以容纳 42 人。(7)

1900 年 8 月 1 号，运营伦敦至爱丁堡列车的铁路公司停止在约克火车站安排午餐时间，因为当时所有的火车都有了走廊和彼此连通的车厢，允许乘客在火车里自由活动，进入餐车或者是车上的洗手间。奢华和便利终于来到了"飞翔的苏格兰人"号列车上。

1928 年，"飞翔的苏格兰人"号在完成伦敦到爱丁堡之间破纪录的直达运营之后，被人誉为"车轮上的酒店"。新的一等座餐车被编入列车班组，铺设有地毯和路易十六时代风格的餐椅。为了庆祝开展了新的直达服务，伦敦萨伏伊酒店的美国酒吧有位叫哈里·克拉多克的调酒师，甚至调制了一种特制鸡尾酒，取名"飞翔的苏格兰人"。也许是为了回应这样的公众效应，铁路公司于 1932 年在车上增加了一个鸡尾酒吧和女士休息室。

在"飞翔的苏格兰人"号上用餐的乘客，不必再将自己的选择局限于午餐篮和味道可疑的铁路三明治了。在 20 世纪 30 年代由著名美工设计师们设计的海报上，伦敦与东北铁路公司（LNER）重点突出了可口的餐食与酒水，以及乘客们可以在列车餐车中享受到的优质服务。有代表性的海报都在宣传推广列车上的大厨们烹制的美味菜肴。

---

① 净效应（net effect），指项目对经济产生的真正有效影响。

煮鳕鱼配鸡蛋酱（4到6人份）

煮鳕鱼配鸡蛋酱几个世纪以来都深受欢迎，被一位 18 世纪前往苏格兰的旅行者描述为"美味香甜、爽口宜人"。这道菜在苏格兰被称为"cabbie-claw"，这个词可能来自"kabeljauw"，即荷兰语中的鳕鱼。这道菜很适合 20 世纪早期的铁路餐饮，因为鳕鱼价格低廉、供应丰富，而且鳕鱼和鸡蛋酱这两种食材都可以提前准备，到车上再重新加热，让火车上的大厨们有时间去制作其他更精细的菜肴，例如柠檬煎鳎鱼等，以备乘客点餐。

1 千克新鲜的整条鳕鱼鱼片

2 茶勺盐

55 克黄油

2 汤勺中筋面粉

480 毫升全脂牛奶

4 个水煮鸡蛋，切碎

盐与黑胡椒

2 小根香芹，切碎用作装饰

将鳕鱼片放在大盘内铺平，两面抹上盐调味。在凉爽处放置 1 小时。（盐能够改善鳕鱼的风味和肉质。）静置鳕鱼的同时制作鸡蛋酱：在平底炖锅内用中火融化黄油，然后加入面粉并用木勺搅拌，直至混合物微微起泡。接下来继续搅拌 2 分钟，加入 120 毫升牛奶。搅拌至混合均匀，然后加入剩余牛奶的一半并继续搅拌，直到所有的团块状面粉全都消失。最后倒入剩下的牛奶并炖煮，不断搅拌，直到混合物开始沸腾。转成小火，煨 10 分钟。将平底炖锅从火上移开，向酱料中加入 3 个切碎的鸡蛋。尝尝味道，加入适量的盐和胡椒并盖上锅盖，在烹制鳕鱼的时候用最小火为酱料保温。

冲洗掉鳕鱼上的盐，将其置于足够大的平底炖锅或者煮鱼锅内。加入足够的淡盐水，没过鱼片。将水煮开之后立即转小火煨 10 分钟，不需要盖锅盖。小心地将鱼片装盘，淋上鸡蛋酱，用剩下的鸡蛋碎和香芹装饰，然后即可端上桌。

奥斯汀·库珀为伦敦与东北铁路公司（LNER）设计的海报，宣传乘客们能够从 LNER 服务员那里得到极佳的服务，1933 年。

为了提供这种完美的供餐服务，"飞翔的苏格兰人"号配备了一节超级摩登、完全由电力运作的配餐车。这种电气配餐车不仅比以往的煤气配餐车更加干净，而且减少了列车上发生火灾的概率。"飞翔的苏格兰人"号上的厨房可以供应上百份餐食，列车运行时由两个轴驱动发电机供电，停车时则通过电池供电。"飞翔的苏格兰人"号既新奇又出名，以至于它的新鸡尾酒吧和电气厨房经常出现在19世纪二三十年代的绘画作品、照片和印刷品中。在餐车上的现代化厨房里，寥寥几名工作人员就足以准备所有餐食，这极大地引发了报道这个现代供餐奇迹的记者们的羡慕：

飞翔的苏格兰人鸡尾酒（1杯份）

这种鸡尾酒在伦敦萨伏伊酒店的美国酒吧诞生，由调酒师哈里·克拉多克发明，以庆祝1928年"飞翔的苏格兰人"号首次开展从伦敦到爱丁堡的直达服务。

60毫升混合苏格兰威士忌
60毫升味美思酒[①]（如好奇牌都灵味美思酒）
1又1/2茶勺单糖浆
1茶勺安哥斯图娜苦酒[②]
柠檬切片，用作装饰

将各种液体材料倒入加冰的鸡尾酒摇壶内摇匀，滤入冰镇后的鸡尾酒杯内。以螺旋形柠檬皮装饰后完成。

[①] 味美思酒（vermouth），以葡萄酒为基酒，用芳香植物的浸出液调制而成的加香葡萄酒。
[②] 安哥斯图娜苦酒（Angostura bitters），或简称苦精，是特立尼达和多巴哥一种浓缩的苦酒，用水、酒精、龙胆草的根和各种蔬菜萃取物酿制。

在"飞翔的苏格兰人"号上极为摩登的鸡尾酒吧里品尝时髦的饮料，1938 年。

1932 年 12 月，一位厨师在国王十字火车站的厨房里准备超大分量的圣诞布丁。背景中可以看到许多已经制作完成的布丁。

在这个神奇的迷你厨房里，一个厨师和一个助手，在一个兴高采烈的车厢指挥员、几个打下手的和几个同样兴高采烈的服务员的帮助下……一个半小时内就为80位乘客奉上了这样的午餐：英式浓汤、煮鳕鱼配香芹酱、烤羊腿与果子冻，或者是压缩牛肉、约克火腿、鸡肉与火腿；什锦沙拉、土豆、豆角、豌豆、西葫芦；苏丹娜葡萄干布丁或者炖李子羹加蛋奶冻①；奶酪、饼干；咖啡。⁽⁸⁾

但由于很多列车的厨房空间有限，餐食会在主要车站上预先备好，上车之后再重新加热，非常类似当下飞机餐的制作方式。每天为数十列列车准备数以吨计的优质餐食，需要供应商、厨房工作人员、厨师和搬运工的通力合作。在伦敦的国王十字车站，这个忙碌不堪的火车餐饮服务世界被掩藏在铁路乘客的视线外，许多厨房和仓库都位于地下。当这个隐藏的世界偶尔暴露在公众面前时，人们对这番景象的敬畏之感是显而易见的：

（这些）厨房和仓库是这个庞大火车站中隐藏的奇迹。直到他带我在这些房间里转了一圈之后，我才意识到北方列车上消耗了如此之多的食物和饮品。我到这些地下厨房中去的时候，正好赶上人们在出发前将食物运往"飞翔的苏格兰人"号……他们或推或拉着手推车，车上高高摆满盛放在箱篮里的面包和成堆的餐具。厨师们奔来忙去，急匆匆地下达最后的指令，进行各种操作，保证所有东西都能够在出站前的几分钟内被安全地运上车。已经热好的各种汤品被盛在大号石罐里送上车，外面用柳条篮保护好；繁忙的时候一次就要送几十加仑上车。60磅鱼肉被装上车，肉类的数量则更多……仅牛肉一种，车上的乘客平均就要消耗1英担②。车上还要装16磅熏肉和30磅鸡肉。蔬菜只占货物总数的一小部分，其中包括1.5英担土豆，好几十磅各种绿色蔬菜、洋葱和番茄……最后也是最重要的货物是甜品。通常情况下需要250人的分量，并且会有好几种不同的种类。虽然乘客们众口难调，但一趟车程结束之后基本剩不下什么……冷库紧挨着肉铺。此情此景足以让一个肚子饿的男人更加饥肠辘辘。诱人的棕色鸡鸭在架子上排列好，随时准备在运上车加热之后端上桌。⁽⁹⁾

在列车上，餐车提供分量十足的套餐，既可以按菜单点菜，也可以选择较少、价格固定的套餐。除此之外，车上还供应快餐，提供轻食、小吃和其他茶点。1930年的菜

---

① 蛋奶冻（custard），泛指鸡蛋与牛奶混合后加热而凝固的食品，大多数应用于制作甜品。
② 英担（hundredweight），英制重量单位，在英国相当于50.80千克，在美国相当于45.36千克。

单里有龙虾或明虾沙拉、鸡蛋配蛋黄酱（鸡蛋沙拉）、煮火腿、冷烤牛肉、牛舌、去骨冻鸡肉、压缩牛肉（粗盐腌牛肉）、小牛肉与火腿派、猪肉派、沙丁鱼配烤吐司或烤豆子，此外还有各种三明治。饮料包括鸡尾酒（瓶装）、葡萄酒、啤酒、茶、咖啡和牛肉汁（一种浓缩的牛肉提取物，可以用热水稀释之后制成饮料）。

20 世纪 30 年代，"飞翔的苏格兰人"号在三节不同的餐车上开展供餐服务：其中一节运送厨房设备，两侧分别是一等和三等餐车。这一时期，包含四道菜的午餐售价 3 先令 6 便士，只有两道菜的则承惠 2 先令 6 便士。两道菜的菜单中，一道是鱼肉或其他肉类，由乘客选择其一，一道是甜点或奶酪配黄油饼干。四道菜的套餐则包括一例汤、一道用鸡蛋或者鱼肉做的菜、一道用蔬菜装饰的肉类主菜、一道甜点或奶酪配黄油饼干。咖啡需要另外支付 4 便士。用餐者可以在煎荷包蛋等蛋类菜肴和鱼类菜肴中作出选择，后者包括柠檬烤三文鱼配塔塔酱①和煮鳕鱼配鸡蛋酱等等。主菜有烤羊肉配红醋栗冻、炖牛肉配洋葱酱、腌猪肉配腌卷心菜，配菜有卷心菜、花椰菜、豌豆以及烤土豆或土豆泥。甜点包括蒸枣泥布丁、夏洛特蛋糕②和水果沙拉。在这种午餐套餐之外，餐车上还有昂贵得多的单点菜单，其中包括汤，三明治，各种烤制菜肴，各种冷餐，苏格兰式炒蛋加凤尾鱼酱烤吐司、沙丁鱼配烤吐司和威尔士奶酪面包等小份咸点，以及作为甜点的各式冰淇淋。酒单也同样丰富多彩。1936 年以后，一等餐车上的酒单提供各种波尔多或者勃艮第产的红葡萄酒，六种不同的香槟，以及利口酒、烈酒、啤酒，还有一种苹果酒。(10) 这些令人眼花缭乱的高级食物和饮料，都是由着装得体、彬彬有礼的服务员呈上来的，完全符合铁路公司广告海报上的承诺。两次世界大战间的休战时期，是英国铁路供餐史上最辉煌的一段年月。

虽然"飞翔的苏格兰人"号和伦敦与东北铁路公司的其他列车上的供餐服务无可挑剔，但这些服务并不盈利。缺乏盈利能力并不是餐食过分丰盛造成的，而是许多不同的原因所致。第一次世界大战后，客运与货运业务都日益转向公路运输，造成铁路公司不景气。在同一时期，列车餐饮是没有什么收益的，不过实际上铁路公司也不指望通过这项业务赚钱。铁路公司认为，供餐的目的只在于盛情款待旅客，不从他们身上获利（虽然他们可能试图通过提供顶级服务来吸引乘客，从而积累客流，最终实现盈利）。

---

① 塔塔酱（Tartar sauce），又名鞑靼酱，常用来搭配海鲜类油炸食品（炸鱼排或炸虾）、生菜或是无盐饼干。
② 夏洛特蛋糕（Charlotte Russe），是一种形如皇冠的糕点，以手指饼干作为模具，内馅填充蛋奶冻，最后用水果进行装饰。

LNER 餐车上陈设精美的餐桌，1930 年。

"飞翔的苏格兰人"号上的圣诞大餐，1931 年。

蜂蜜海绵布丁（4 到 6 人份）

蒸布丁是英国烹饪的伟大荣耀之一，也是铁路供餐的理想食物，因为它可以提前制作完成，在车上经过重新加热端上餐桌。由于白砂糖在第二次世界大战时是限量供应的，不在此限的蜂蜜就成了铁路厨房中受人喜爱的补充替代品。与战时食品部推荐的食谱相比，当代版食谱中白砂糖的分量翻了一倍，并且使用新鲜鸡蛋，而不是蛋粉。

130 克芳香蜂蜜（如苏格兰石楠花蜂蜜）

1 个柠檬，切碎成柠檬屑

100 克无盐黄油，软化

100 克精白砂糖

3 个鸡蛋

125 克自发面粉 ①

英式双倍奶油（浓奶油），备用

在一个 1 升容量的陶瓷布丁碗内抹上黄油。倒入 2 汤勺蜂蜜，拌入柠檬屑。将剩下的蜂蜜、白砂糖、鸡蛋和面粉一起搅打，直至充分混合为光滑的面糊。将面糊倒入布丁碗，覆盖在蜂蜜上。紧紧贴上一层内侧涂有黄油的铝箔纸，然后用棉线把碗沿固定好。

将布丁碗置于大煮锅内，从上方向布丁碗与煮锅之间加入开水，水量是布丁碗的一半高。小火慢煮，盖上锅盖，调节温度使水保持沸腾状态。一般要煮一个半小时，如果有必要的话可以注入开水，保持水量不变。千万不要把锅烧干了！

小心地从煮锅中取出布丁碗，揭开铝箔纸。用一个有边缘的上菜盘倒扣在布丁碗上并翻转，将布丁转移到盘子里。将布丁碗拿开，在盘子边缘装饰上奶油即完成。

---

① 自发面粉（self-raising flour），中筋面粉混合泡打粉的预拌粉。

"飞翔的苏格兰人"号一等餐车上的早餐和晨报时间，1938 年。

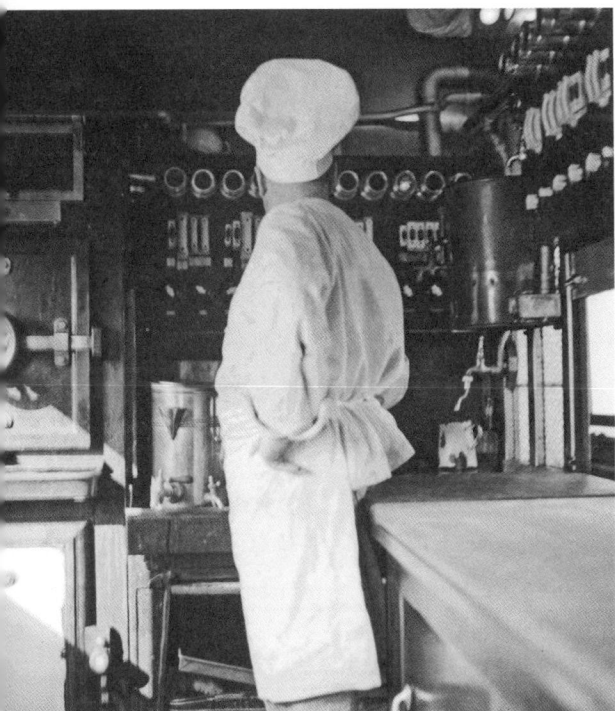

"飞翔的苏格兰人"号上的厨师正在欣赏完全电气化的厨房中的设备，1939 年。

爱丁堡威瓦利火车站，乘客们准备登上"飞翔的苏格兰人"号，1938 年。

苏格兰式炒蛋加凤尾鱼酱烤吐司（可制作 20 片小份吐司）

这道菜发源于 19 世纪，是一种被称为"咸点"的辛辣小菜。咸点是英式正餐的最后一道菜。在两次世界大战的间隔时期，咸点深受英国铁路旅客喜爱，因为这类简便的食物易于储存，食客可以在吃完餐食中的其他菜肴后带上火车。

8 条凤尾鱼鱼片（用橄榄油腌制）

115 克无盐黄油，需软化，并另外准备 55 克无盐黄油

1 茶勺咖喱粉

480 毫升植物油

170 克小凤尾鱼干（可在售卖亚洲食品的商店里找到）

少量咖仁辣椒粉

6 片优质白面包，每片 1.5 厘米厚

4 个鸡蛋

2 汤勺英式双倍奶油（浓奶油）

盐与黑胡椒粉

用食物料理机将凤尾鱼鱼片、115 克软化黄油和咖喱粉混合打碎成奶油糊状或泥状，制成凤尾鱼黄油酱。

接下来制作饰菜：在炖锅中将植物油加热到 190℃，轻轻放入小凤尾鱼干，炒几秒钟直到鱼干变脆。将鱼干滤油后拿出，置于厨房纸巾上吸掉多余油分，撒上咖仁辣椒粉。

切掉吐司边，用面团分切器（切曲奇饼的型号）将剩下的吐司切成 20 个直径 4 厘米左右的小圆片。然后轻轻磕破鸡蛋，打成均匀蛋液，与 55 克黄油、双倍奶油在小炖锅内充分混合，开小火翻炒，直到蛋液变厚起泡。加入盐和胡椒粉，尝尝味道。将锅从火上移开。盖上锅盖保温。

将烤箱内的烤架加热到 190℃（或用中火）。在小圆面包片上挤凤尾鱼酱，然后将其置于烤架下的托盘上。（剩余的凤尾鱼酱可以冷冻起来备用。）约 1 到 2 分钟后，待面包变成棕黄色、凤尾鱼酱融入吐司之后取出。在每片小圆面包片上铺上足量炒蛋，用凤尾鱼干进行装饰。

一位曾就职于铁路供餐领域的经理描述了曾经目睹的另一位经理受到的严肃批评：这位经理不是因为餐食或者服务的质量不佳而被责骂，而是因为他犯下了一项不可饶恕的罪过，竟然让列车上的供餐服务实现了年度盈利！[11] 但是我们可以总结，虽然列车上的餐食体验对乘客颇具吸引力，在不盈利的条件下还要保持最高的服务标准，这种循环却绝非长久之计。铁路公司和政府不断尝试解决上述营收亏损问题，然而是第二次世界大战的爆发才最终导致英国铁路公司的架构发生大规模编制变化，并且终结了英国铁路供餐的黄金时代（虽说不盈利）。

1939 年 9 月战争开始之后，英国政府接管了铁路。铁路供餐在战争爆发后继续运营了一周时间，随后餐车逐渐停止服务。最终，铁路管理局在 1944 年 4 月 5 日宣布，在这一天之后完全中止餐车服务。[12] 战争期间，极少有资金投入铁路，也只对铁路进行了基本的维护作业。因此，在战争结束后铁路基础设施和机车车辆的损坏都很严重。人们不久就清晰地认识到，战争甫一开始就被政府接手管理的私有铁路公司此时已经濒临破产，无法承担铁路的维护保养工作。

英国在战争期间和战争结束后实施的食品限量配给制度，也给铁路供餐制造了一系列问题。1940 年，熏肉、黄油和砂糖开始限量供应。1943 年，肉类、茶叶、果酱、饼干（曲奇饼）、奶酪、鸡蛋、猪油、牛奶、水果罐头、果脯也加入了配给清单。无论如何，战争期间"服务优先于利润"的铁路供餐方针，在伦敦与东北铁路公司的铁路旅馆中和铁路服务菜单上得到了保存。在 1941 年为詹姆斯·罗温律师举办的退休午餐会菜单上，约克郡的皇家车站旅馆为五道菜的正餐提供了不同的备选菜肴。首先有两种汤可供选择，接下来是拿波里式意大利面，鱼类有法式黄油炸鳕鱼排或是迪耶普式牙鳕鱼排，主菜是烤牛外脊肉配约克夏布丁或者法式杂菜炖牛肚，后者的配菜包括土豆（可烤、可煮、可压成泥）、小卷心菜和欧洲萝卜泥。甜点则可以在大米布丁、李子挞、蜂蜜海绵布丁或者橙子冻（胶状甜点）中选择。还有咖啡。[13] 另外一份伦敦与东北铁路公司在 1941 年的菜单，由爱丁堡的皇家车站旅馆提供，上面列出了开胃小吃、美式浓汤、罐焖蘑菇、烤鹅、薯片与法式杂豆，最后是芝士蛋糕和芝士条。[14]

这些留存至今的罕见菜单让我们清楚地了解到，在两次大战间的休战期晚期和第二次世界大战早期，伦敦与东北铁路公司在其开设的旅馆中及列车上，包括在"飞翔的苏格兰人"号上，供应的是怎样的食物。这些由好几道菜组成的菜单结合了经典的法式菜肴，着重于鱼类、烤肉和布丁（甜点），呈现出爱德华时代①的风格；这一风格甚至可以

---

① 爱德华时代（Edwardian），指 1901 年至 1910 年英国国王爱德华七世在位的时期。爱德华时代和维多利亚时代被认为是大英帝国的黄金时代。

英国国铁时代"飞翔的苏格兰人"号上的餐车，1962年。

追溯到第一次世界大战开始前几十年。英国铁路一直慷慨供应丰富的餐食，但供餐和铁路本身一样，总是落后于时代。

第二次世界大战期间一度掌握在政府手中的铁路公司控制权，在 1947 年《铁路法》出台之后被铁路国有化的浪潮席卷。原有的四大私有铁路公司在国有化之后于 1948 年组成了英国铁路公司（英国国铁），该公司成为英国大多数铁路运输的经营者。国有化后不久，大多数事情并没有发生变化，然而私有铁路公司旗下的旅馆和列车的供餐业务都转为英国运输委员会下属的铁路管理局所有，1948 年又改属英国运输委员会的旅馆管理局。

旅馆管理局获得了 55 家旅馆和 400 个车站茶点间的管理权，这些场所全都需要切实的修缮升级，以实现盈利。不幸的是，国有化之后的英国国铁财政情况相当糟糕，1955 年还处在赤字状态。人们制订了许多方案，试图提高效率、减少亏损。虽然"服务优先于利润"是战前铁路的特点，新成立的公司追求的却是"服务同时盈利"。对于铁路供餐来说，这意味着减少或者消除大部分过时的周到服务，这种服务为战前时期的乘客带来了超过票价的豪华用餐体验。这还意味着关闭车站茶点室，不再为列车安排餐车车厢。此时，许多列车都只提供轻食或者茶点，而不是全方位的餐馆式服务。

与此同时，英国国铁也在 20 世纪 40 年代晚期至 60 年代期间，尝试改善现代化铁路供餐的形象。但是，根据《美食指南》的创立者雷蒙德·波斯特盖特[①]在 1960 年对铁路供餐所作的评价来判断，这些尝试很大程度上来说是失败了：

> 众所周知，铁路餐食就是烹饪中所有可怕事物的象征。车站快餐厅里污迹斑斑的茶杯，邋里邋遢的女服务员，缺乏滋味的食物，以及两片三角形切片面包中间夹着的那薄薄的午餐香肠，这就是所谓的"铁路三明治"……在日益衰败的铁路公司的黄金时代逝去之后，这一切都成为他们笨拙无能的明证，令人愤怒。[（15）]

英国的铁路三明治再次成为全国的笑柄。然而在更宽泛的意义上，虽然三明治成了英国铁路供餐水平全面下滑的象征，但公众明白，这种玩笑并不像 19 世纪那样仅仅局限于抱怨铁路供餐的水平，它还是人们感知到大英帝国日薄西山以后的哀叹。

甚至晚到 1997 年，在英国国铁完全私有化以后，一篇刊载在《独立报》上的文章仍然在用铁路三明治来比喻当时英国的经济与政治状况：

---

① 雷蒙德·波斯特盖特（Raymond Postgate，1896—1971），英国社会主义者、神秘小说家、记者、编辑和美食家，创立了《美食指南》。

随着我们日益认识到英国的相对衰退，三明治成了我们陷入平庸的标志。边缘翻卷的英国铁路三明治，虽然没人想得起什么时候曾经吃过，却成了一个全国性的迷思。它是人们对僵化、官僚的公司机构的控诉。[16]

在知道上述英国铁路三明治的恶劣名声之后，也许我们就能够理解，为何人们要竭力改善它的形象，以及在整体上提高铁路供餐质量的声誉。1971 年，英国国铁为员工提供了一套详细的步骤指导，内容甚至涉及如何正确制作简单的铁路三明治。制作三明治的食材各不相同，但大致包括切达奶酪或番茄（每个三明治 28 克），鸡肉或者火鸡肉（每个三明治 19 克），以及煮鸡蛋（每半个三明治放一个鸡蛋）。步骤中还对切片面包的尺寸、每个三明治含多少片面包给出了精确的要求。[17]铁路旅行者不再是"乘客"，而变成了"顾客"。英国国铁希望通过提供具有辨识度、标准化制作的三明治来提高铁路供餐的标准，虽然这样的行为是可以理解的，然而它已经远远偏离了该公司早先"为我们乘客的口腹享受而考虑"的情怀。

虽然"飞翔的苏格兰人"号因其对自身优质服务的定位而弱化了战后铁路餐食服务变革的影响，但也并未能完全免于波及。早期的变化之一伴随 1948 年新式快餐吧兼酒廊车厢的投入使用而来。这种车厢有一个 6.7 米长的吧台，配有吧凳，而此前的餐车只有配两把椅子的小餐桌。这种新式的长吧台设计能够在同一时间服务更多的顾客，并且没有了此前餐车设计的随意而亲密的氛围。这使得车厢中供应的餐食受到商务人群的欢迎，他们可以在享受平价美味的餐食的同时开展商务洽谈。也许就是这个原因，让这种新型快餐车厢很快就加入了"飞翔的苏格兰人"号直达车（在高需求时期，例如假日期间加开的列车）的休憩服务，以及在伦敦到爱丁堡区间运行的"资本有限"号及其后继者"伊丽莎白"号中去。

在英国国铁的管理下，"飞翔的苏格兰人"号在 20 世纪 60 年代早期供应的餐点种类较少，菜式固定，然而质量仍然极佳。比起从前的私有时期，这时菜单上的价格更加昂贵，可以单点，也有套餐。这一时期，"飞翔的苏格兰人"号上的午餐提供番茄汁或苏格兰浓汤，烤比目鱼鱼排配塔塔酱或是烤羊肉配薄荷酱，最后一道菜则可以在克里奥尔凤梨或者奶酪、沙拉、饼干与黄油中间选择。在提供超值铁路用餐体验的同时，这些菜单并没有像以往那样提供丰富的选择，也没有强调菜肴的法国背景。这种在铁路供餐中发生的变化不仅反映出英国国铁对节约经费的渴望，还体现出英国人用餐习惯的大幅度变化。人们日益认识和接受传统英国食物的风味，也不再将法餐自动等同于高端餐饮。

1963 年，英国国铁宣布，著名的"飞翔的苏格兰人"号蒸汽机车（编号 4472）将退出服务，作为废品出售。幸运的是，它被第一批相继私有化的公司中的一家收购，并在英国、美国和澳大利亚境内一些不同的线路上用于铁路观光。最终，这个脆弱的蒸汽引擎在 2004 年被约克郡的国家铁路博物馆购买，并在 2006 年开始了长达十年的修缮。

与此同时，从 20 世纪 60 年代中期到 90 年代中期，在这个英国国铁时代，伦敦到爱丁堡之间的铁路业务还是以"飞翔的苏格兰人"命名，然而它已经不再是直达快车了。但供餐服务中的老式优雅仍然存在。一位来自美国的女士曾经在 1969 年乘火车从伦敦前往爱丁堡，当时的特快旅客列车仍旧被称作"飞翔的苏格兰人"号（虽然已经不再由那节远近闻名的蒸汽机车牵引），她是这样回忆这段经历的：

> 我还记得，乘坐英国国铁的一等座火车穿越英格兰和苏格兰地区的经历……打扮入时的乘务员将茶端到你的私人包厢，先在窗边的小桌上铺开一张带纹路的雪白餐布，接下来端起放在银质托盘里的茶壶，往陶瓷茶杯里倒入热腾腾的红茶（加入牛奶的先后顺序依你的喜好而定）。总有一小盘甜饼干（用美国的说法是曲奇饼）作为茶点。啜饮一杯红茶，小口咬着饼干，望着窗外一闪而过的英国乡村风景，如此度过晨间或者下午的时光是多么愉快舒适啊。[18]

英国的铁路系统在 1994 年至 1997 年间进行私有化之后，"飞翔的苏格兰人"这个名字以各种形式一直保存到了 21 世纪。2011 年，"飞翔的苏格兰人"这一品牌被铁路运营商东海岸铁路再次启用，理由是"我们将过去的列车名称带到当代，重现昨日的骄傲和热情，甚至能够为东海岸铁路带来几分浪漫和辉煌"。[19]虽然当下的"飞翔的苏格兰人"号是一列高速列车，只需 4 个小时就能抵达终点，但它只作单向运行，从爱丁堡驶向伦敦。2015 年，捷达集团[①]与维珍铁路[②]的合资公司，即维珍市际列车有限公司（通称东海岸维珍铁路，VTEC），接手了东海岸线路的特许经营权。爱丁堡到伦敦区间的"飞翔的苏格兰人"号得以保留。公司向公众宣布将一节现代化的电力机车命名为"飞翔的苏格兰人"，承续此前列车的名字，以及与其息息相关的辉煌与格调，只是新机车的型号和涂装都已和前身不同。

2016 年，数以千计的人们终于得以参观修复完成后的原版"飞翔的苏格兰人"号蒸汽机车（编号 4472），这是它经过十年修缮之后首次在铁轨上运行。作为这一年举办的一系列"飞翔的苏格兰人"号体验活动之一，人们还可以在修复后的餐车用餐，感受

---

① 捷达集团（Stagecoach Group PLC），是一个总部位于苏格兰珀斯的跨国运输集团，现时在英国、美国和加拿大均有业务，经营巴士、市际客车、火车、电车等业务。
② 维珍铁路（Virgin Trains），英国的铁路运营公司之一，1990 年中期为配合英国国铁民营化而成立。

唐卡斯特工厂开放日活动中展示的"飞翔的苏格兰人"号机车，时值该工厂建厂150周年，2003年。

东海岸维珍铁路的"飞翔的苏格兰人"号，与苏格兰首席大臣尼古拉·斯特金和 VTEC 总经理大卫·霍尔，2015年。

20 世纪 50 年代的珀尔曼风格。有时候，列车只是静静待在站台。但在可开动的其他时间，乘客便能坐在由著名的"飞翔的苏格兰人"号机车牵引的车厢中，一边沿东兰开夏铁路遗产线观光一边用餐。

这些用餐体验活动中的示例菜单上提供四道菜，被称为"草莓菲士招待会"，它们包括：野生阿拉斯加帝王蟹配柠檬草；奶油烤甜土豆，墨西哥酸浆①浓汤配香芹奶油酱；慢烤羊颈肉与蒜味迷迭香奶油土豆，配番红花米饭、秋季根菜和法式红酒酱；最后，还有"一碟分享甜点"，配有茶或咖啡和餐后薄荷糖。[20]

虽然这份餐食中的许多食材都现代而国际化，但它的结构与两次世界大战间铁路供餐的"黄金时代"的菜谱相差无几。区别在于，现在人们在"飞翔的苏格兰人"号餐车中用餐只是一种体验，仅此而已，而不是乘坐火车前往某处旅行的一部分。现在的这种"体验"，与列车的最初目的，也就是在英格兰和苏格兰首都之间运送旅客相去甚远。虽然可以认为这种体验是对曾经光辉无限的铁路服务的贬低和琐碎化，但至少其中看不到铁路三明治的影子。

---

① 墨西哥酸浆（tomatillo），又称黏果酸浆，是茄科酸浆属的植物。所结果实形似番茄，本身也是番茄的远亲。盛产于墨西哥等中美洲国家。

朱尔斯·谢雷特（Jules Cheret）为东方快车设计的第一张广告海报，1888 年。

法国香槟，土耳其咖啡：
东方快车上的飨宴与急速飞驰

亚利·德波尔

"东方快车"，这个名字唤醒了关于光荣、神秘和阴谋诡计的浪漫想象。东方快车曾经被普遍认为是"列车中的国王，国王乘坐的列车"，在其鼎盛时期是欧洲王室、权贵、高阶外交官和秘密间谍们的出行选择。东方快车为许多图书、电影、电视节目甚至是后来的电子游戏的创作带来过灵感，这使其成为全世界流行文化中最著名的列车。

然而，东方快车并不仅仅是一节单独的列车。它是一系列长途铁路服务的总称，包括多个列车车厢编组。在时间流逝的过程中，曾经有不同的列车组同时并存，都使用"东方快车"的名号，或者其变体"辛普朗东方快车"。这些列车在各自不同的线路上运行，连接巴黎和东欧与君士坦丁堡（今伊斯坦布尔），被称为欧洲所谓的"前往中东的门户"。

在东方快车的两个黄金时代里，也就是第一次世界大战前的美好年代①，以及稍后两次世界大战之间的时期，它因其优雅氛围和餐车提供的高质量饮食而著称。在供应早午晚三餐之外，餐车还被用作酒廊。它们是列车上的社交中心，衣着华丽的乘客在席间使用多种语言对话，餐桌上铺设着锦缎桌布，摆放着陶瓷、水晶和银质餐具，桌灯照出迷人的灯光。

1883 年 10 月 4 日，首列由官方组织的东方快车（最初使用法语名 Express d'Orient，不久改为英语，Orient Express）从身披节日盛装的巴黎火车东站出发，驶离巴黎。该列火车长 75 米，由一节机车、两节卧铺车厢、一节邮车车厢、一节行李车厢和一节餐车构成。受邀参与首发之旅的宾客中有政府官员、外交官、记者，以及来自法国、奥匈帝国、罗马尼亚和奥斯曼帝国的铁路管理人员。其中包括亨利·奥珀·德·布洛维茨，他

---

① 美好年代（Belle Époque），是欧洲社会史上的一段时期，从 19 世纪末开始，到第一次世界大战爆发结束。美好年代是后人对这一时期的回顾，这个时期被上流社会认为是一个"黄金年代"。此时欧洲处于一个相对和平的时期，随着资本主义和工业革命的发展，科学技术日新月异，欧洲的艺术、文学及生活方式等都在这一时期得到了蓬勃发展。

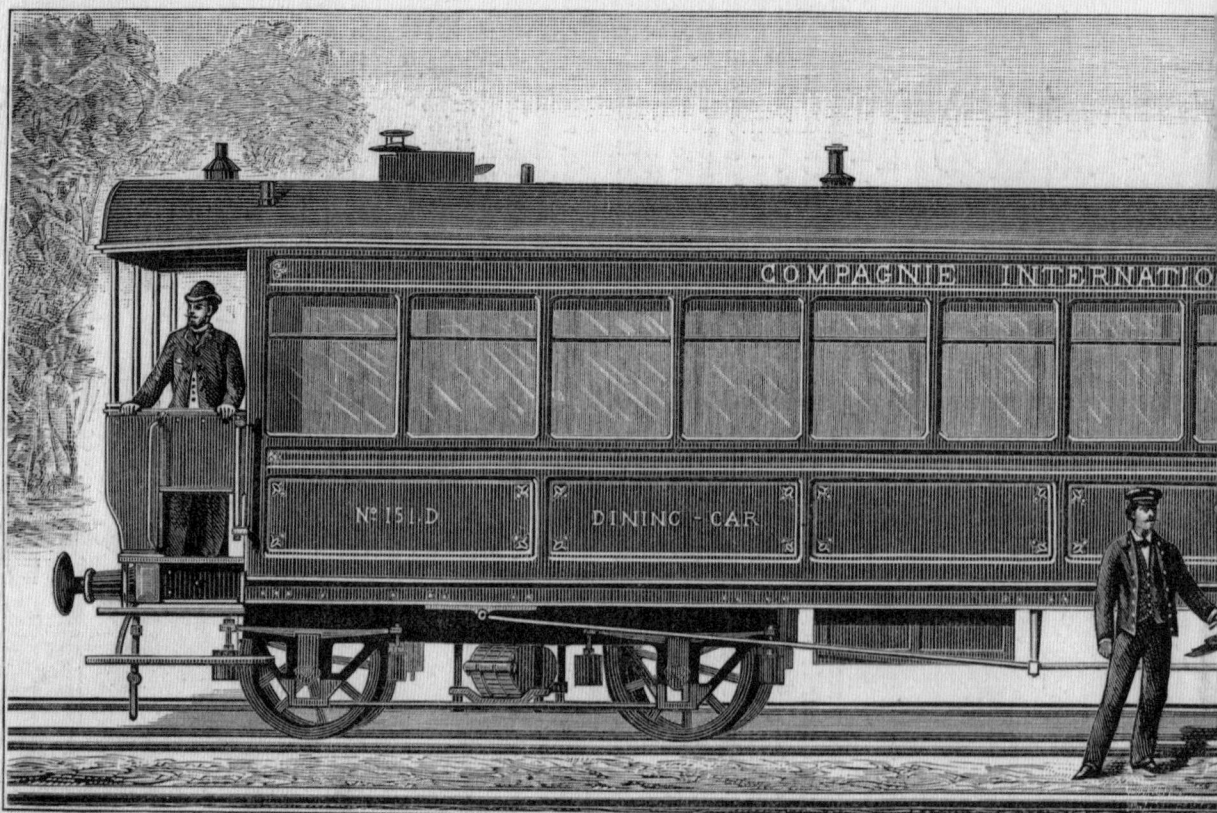

LE NOUVEAU MATÉRIEL DE LA Cᵉ D

首列东方快车及其餐车，路易·波耶绘，法国《画报》，1884 年。　L'ORIENT-EXPRESS. — TRAIN DE

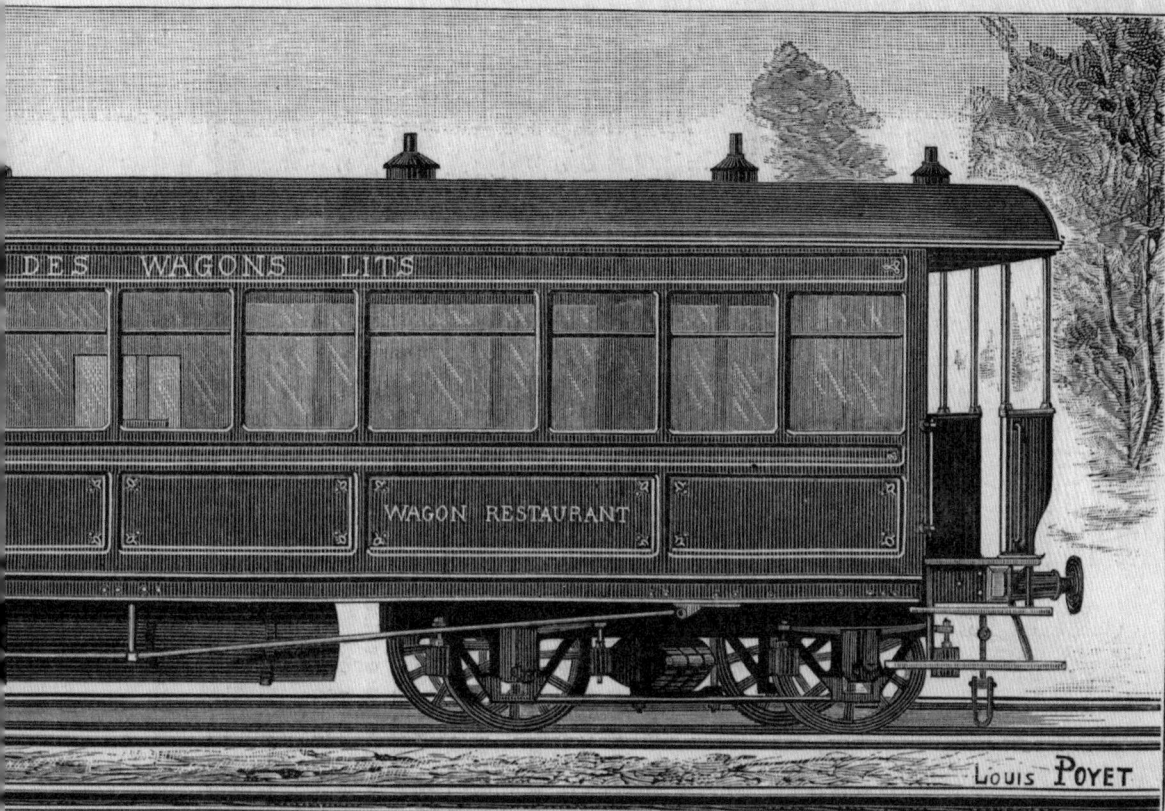

Louis POYET

GONS-LITS. — UN WAGON-RESTAURANT

LA COMPAGNIE DES WAGONS-LITS

是《伦敦时报》驻巴黎的联络员，同时也是作家兼记者。布洛维茨后来如此描述这次特殊旅行开始之前，停靠在火车站时的餐车：

> 餐车位于列车前部，拉起了样式轻俏的窗帘，为整个场面注入了一种特殊的光泽。庞大的煤气圆柱灯照亮了一个名副其实的宴会厅。被侍酒师们精心折叠起来的雪白桌布与餐巾、闪闪发光的玻璃杯、如同红宝石与黄宝石般的红白葡萄酒、晶莹剔透的玻璃水瓶和银质小香槟酒瓶，这一切让车厢内外的众人眼花缭乱，并且冲淡了人们脸上的离情别绪。[1]

这一趟旅程的主办者是乔治·纳吉麦克，法国国际卧铺车公司（下称 Wagons-Lits）的创始人。这间公司与美国的珀尔曼铁路车辆公司相似。纳吉麦克是一个富有的比利时银行家的儿子，在 15 年前被父亲送到美国，据推测在那里有过一段单相思恋情。在搭乘珀尔曼公司的卧铺车旅行之后，年轻的纳吉麦克看到了一个欧洲市场的上好商机：由于各国铁路系统各自为政，欧洲大陆并不存在长途过夜列车。因此，纳吉麦克在 1876 年创立了他的公司，不久就几乎垄断了欧洲的卧铺车与餐车业务，为 19 世纪晚期以后的欧洲铁路旅行带来了极大的改变。

在第一列东方快车发车前一年，Wagons-Lits 的一列试验列车曾经在巴黎和维也纳之间运行。这列"闪电豪华列车"（Train Éclair de Luxe）因其时速高达 48 公里而得名，出发后 27 个小时即可抵达维也纳，比当时的普通列车快 6 个多小时。[2] 车上还配有 Wagons-Lits 的第一节自带厨房的餐车，菜单包括牡蛎、大比目鱼配菠菜酱、鸡肉配菌菇、野禽肉冻、巧克力冰淇淋和自助甜点。[3] 这列列车试运行成功之后，纳吉麦克接下来说服了法国和罗马尼亚的铁路公司，合作运营一列运营范围超过维也纳的豪华列车：东方快车。

虽然东方快车实际上早在 1883 年 6 月 5 日就已经投入运营，然而被车上的作家和记者们浓墨重彩描写的是 1883 年 10 月的这一趟由官方发起的旅程。他们强调，这一崭新的列车投入使用"缩短了世界的距离"。他们还对列车的舒适赞赏有加。例如，布洛维茨赞扬这列全新的带两轴转动架的卧铺车，说它"行驶得如此平稳，旅客甚至可以在时速 80 公里的情况下剃须修面"。[4] 法国作家与记者埃德蒙·阿伯特在旅行报道《从蓬图瓦兹到伊斯坦布尔》中首次将东方快车称为 hôtellerie roulante，即车轮上的酒店。

法国作家乔治·鲍伊尔也在《费加罗报》上称赞了东方快车的餐车及其绝佳的餐食：

首列东方快车的餐车内景，A. 蒂利绘，法国《画报》，1884 年。

　　这是一节以摩洛哥革①挂毯、科尔多瓦皮革和热那亚天鹅绒装饰的餐车，包括一间宽敞的餐厅、一间吸烟室和图书馆、一间为女士们准备的化妆室、一间储藏室，以及一间主厨工作的厨房。这位天才人物——我充满感激的肠胃找不到其他更合适的形容词——为我们准备了品味高雅的菜肴，根据我们经过的国家而变换菜单，并且在我们享用了英吉利咖啡馆（位于巴黎）②供应的菜肴、多瑙河小体鲟、新鲜的罗马尼亚鱼子酱、土耳其香料饭之后，侍酒师会随兴为我们斟上来自摩泽尔河地区、莱茵河地区、匈牙利和罗马尼亚等地的知名佳酿。(5)

　　在东方快车途经的每个国家境内供应当地的食物和酒水，这成为 Wagons-Lits 的特色之一。车上的菜谱每天都有所不同，但始终有水果和奶酪。在 19 世纪 80 年代，因为早期的餐车上没有电冰箱，所以会在沿途的各个车站补充新鲜食物，用冰进行冷藏。然而，对于《自然》杂志的法国记者 A. 拉普朗什而言，比起食物本身，背景风光才真正使用餐成为绝佳的体验："你可以安逸地进餐，悠闲自在地欣赏快速展现的风景，仿佛餐厅墙壁的装饰每时每刻都在变换。"(6)

　　在最初几年里，东方快车的东线终点是位于多瑙河左岸的久尔久，该城距离罗马尼亚首都布加勒斯特 62 公里，必须通过其他交通方式才能继续前往君士坦丁堡。一艘渡船将会把乘客们载到河对岸的保加利亚，然后搭乘等候在此的本地列车，驶向黑海畔的港口瓦尔纳。在这段漫长而不舒适的旅程中，因为车上没有餐车，所以列车会经停一站，让乘客吃午餐。阿伯特曾经写道：

　　我们在舍当杰克（Scheytandjik，在土耳其语中意为"小恶魔"）车站吃了午餐。我们吃了连伟大的魔鬼本人也切不动的鹧鸪，勉强喝下了魔鬼都会嗤之以鼻的当地葡萄酒。然而，因为一点半的时候我们已经快饿死了，我们还是狼吞虎咽了一只草率烤制的鹅、一份土耳其式糕点、一份淋上了玫瑰味道糖浆的桃子与杏仁果盘。你会认为这很糟糕吧。但其实并不然！(7)

　　在瓦尔纳，乘客们将在一艘汽轮上继续完成这段旅程的最后一个部分。这艘轮船将

---

①　摩洛哥革（maroquin），一种由山羊皮鞣制而成的珍贵皮革，呈精致而不规则的胭脂红色，常被用于装订珍贵的书籍。

②　英吉利咖啡馆（Café Anglais），一间于 1913 年歇业的咖啡馆，位于巴黎第二区意大利大道 13 号。该咖啡馆在 19 世纪的巴黎文艺界中享有盛名，普鲁斯特的《追忆逝水年华》等多部文学作品中都提到这间咖啡馆。

经过君士坦丁堡的小圣索菲亚大教堂的东方快车，1895 年前后。

驶近君士坦丁堡的东方快车，明信片，1900 年前后。

豪华列车上的沙龙与餐厅，匿名插图，法国《画报》，1899 年。

会让乘客们连夜渡过黑海，穿过博斯普鲁斯海峡。在离开巴黎约 82 小时之后，他们终于抵达了最终的目的地：闻名遐迩的奥斯曼帝国首都君士坦丁堡。比起从法国出发再经由地中海或者多瑙河前往此地，乘坐东方快车显著地节约了时间。

五年之后，西方和东方之间才有了相互连接的直达列车。巴尔干半岛上的铁路建设因为动荡的政治格局而被推迟。最初，维也纳至君士坦丁堡的铁路计划经过波斯尼亚，四个世纪以来那里都是奥斯曼帝国的一部分。在奥斯曼帝国将波斯尼亚割让给奥地利之后，有关方面决定建造一条经过塞尔维亚和保加利亚的新线路。最终，首列从巴黎驶出的列车在 1888 年 8 月抵达君士坦丁堡，这条直达线路比之前的黑海线路快 14 小时，只需 68 小时就能跨越 3000 公里的路程。新的君士坦丁堡火车站，即西鲁克兹车站，在 1890 年启用，标志着东方快车第一个黄金时代的开始。

与此同时，Wagons-Lits 已经在全欧洲范围内架设了一个完整的豪华列车网络，包括加来—地中海快车、罗马快车、奥斯坦德①—维也纳快车、北方之星快车等，另外还在 1900 年于俄罗斯境内开行了被称为跨西伯利亚列车的豪华列车业务。这些列车都拥有卧铺车、餐车，以及与东方快车相同或类似的服务，但东方快车是其中历史最长也是大众印象中最著名的列车。

美国铁路作家西·沃曼，他本人曾是一位机车技师（火车司机），在 1895 年乘坐东方快车旅行之后，断言车上的餐车服务"在任何国家都是最优秀的，并且价格也合理"。[8] 他一天只用付出 2.55 美元就可以获得早中晚三餐，比美国列车上便宜 50 美分。如果说美国的珀尔曼列车是"移动的学校宿舍"，只有帘子可以保证一定的隐私，沃曼更中意 Wagons-Lits 有独立包厢的卧铺车：

> 一个包厢里可以容纳两个或者四个人，并且通常旅行者只需付出恰如其分的几个法郎，就能享受一个人独处的包厢，仿佛置身于珀尔曼列车上的高级包厢里一样隐秘舒适。[9]

1889 年，英国羊毛商人约瑟夫·赖利曾经前往君士坦丁堡出差。在他的手稿《乘坐"东方快车"从布拉德福德到君士坦丁堡的旅行笔记》中，赖利并没有试图发表与众不同的看法。"这事实上是一座庞大的移动酒店，"他多次写道。赖利还描写了种种不便之处：边境的海关官员，打鼾的乘客，晕车、思乡，以及因为他只能说英语而造成的沟通问题。赖利同时提供了关于餐食及其价格的许多细节。他记录了一份完整的菜单，并惊讶于车上拥有的新鲜水果。但是，当代读者也许会对那个年代的早餐习惯更加惊讶：

---

① 奥斯坦德（Ostend），位于比利时西佛兰德省的一座城市。

豌豆配洋蓟（6 人份）

在东方快车 1899 年的菜单中，有这样一道由新鲜绿豌豆和幼嫩的洋蓟心制作的季节性配菜。虽然现代厨师全年都可以使用冷冻豌豆和洋蓟来烹任同一道菜，但新鲜的香草对菜肴的风味来说仍然必不可少。

45 克无盐黄油

1 根大葱，切碎

1 个大个蒜瓣，切碎

450 ～ 500 克冷冻洋蓟心，洗净、解冻、四等分

450 ～ 500 克冷冻豌豆，洗净、解冻

60 毫升鸡汤（清汤）

1 茶勺盐

1/2 茶勺黑胡椒

3 大汤勺切细的平叶欧芹

2 大汤勺切细的薄荷叶

6 片柠檬叶，用作装饰

用中火在大煎锅（长柄煎锅）中融化黄油。当黄油开始冒泡时，加入葱蒜，并用小火烹煮，不断搅拌约 3 分钟。然后加入洋蓟心，小火烹煮，不断搅拌 3 到 4 分钟。接着加入豌豆、鸡汤、盐和胡椒，并将火力调至中高火，盖上锅盖烹煮 5 分钟或者煮到豌豆软而不烂。最后揭开盖子，调入欧芹和薄荷，继续烹煮并不断搅拌，直至液体完全从煎锅底部蒸发。趁热端上桌，将柠檬叶插在每份成品的表面用作装饰。

TARIF DES CONSOMMATIONS
Preise der Speisen und Getränke

DÉJEUNER (vin non compris) . . . . } fr. 4,00
FRÜHSTUCK (ohne wein) . . . . }

MENU

Œufs ou poissons	Eier oder Fische
Viande chaude	Warmes Fleisch
Légumes	Gemüse
Viande froide	Kalter Aufschnitt

DESSERT

DINER (vin non compris) . . . . } fr. 6,00
DINER (ohne wein) . . . . }

MENU

Potage	Suppe
Hors-d'œuvre	Vorspeise
Poissons	Fisch
2 Plats de Viande	2 Speisen Fleisch
Légumes	Gemüse
Entremets	Mehlspeise

DESSERT

CAFÉ, PAIN ET BEURRE . . . . } fr. 1,50
KAFFÉE MIT BUTTER UND BROD . . . }

Déjeuners et Diners à la Carte

VINS DU RHIN	RHEINWEINE		
SUR LE PARCOURS ALLEMAND	NUR AUF DER DEUTSCHEN LINIE		
HOCHHEIMER . . . . . la 1/2 bouteille.	1/2 Flasche	3	»
RÜDESHEIMER . . . . . d°	d°	2	»
VINS DE HONGRIE	UNGARISCHE WEINE		
SUR LE PARCOURS	NUR AUF DER FAHRT		
AUSTRO-HONGROIS seulement	in OESTERREICH-UNGARN		
KARLOWITZER . . . . la 1/2 bouteille.	1/2 Flasche	2	»
NESZMELYER . . . . . . d°	d°	2	»
TOCKAY . . . . d°	d°	5	»

BORDEAUX

	Die Flasche La bout.	Diet./2 Flasche 1/2 bout.
BORDEAUX : Listrac	3 »	2 »
» » Saint-Julien	4 »	2 »
» » Margaux	5 »	3 »
GRAVES (Will, Tourneur & C°)	4 »	2 »

VINS FINS, ESTAMPÉS AU CHATEAU
FEINE WEINE (MIT SCHLOSSSIEGEL)

	f. c.	f. c.
CROIZET-BAGES 1879	5 »	» »
GRAND-PUY-LACOSTE 1878	7 »	» »
CHATEAU-LAGRANGE 1880	» »	5 50
PONTET-CANET 1877	» »	6 50
CHATEAU-LA-TOUR-BLANCHE	6 »	» »

	Diet./2 Flasche 1/2 bout.	Diet./4 Flasch 1/4 bout.
PORTO (Offley)	3 »	1 50
SHERRY (Forrester)	3 »	1 50

CHAMPAGNE — CHAMPAGNER

	Die Flasche La bouteille	Diet./2 Flasch La 1/2 bout.
SLEEPING CAR SPARKLING	7 »	4 »
LEMAITRE ET C°, COSMOS CHAMPAGNE	10 »	5 50
MOET ET CHANDON	13 »	7 »
» » (Brut Impérial)	14 »	7 50
V°° CLICQUOT (WERLE)	14 »	7 50

LIQUEURS — LIQUEURE

COGNAC (Courvoisier et Curlier frères)	le verre die Glas	» 50
FINE CHAMPAGNE (Courvoisier et Curlier frères)	d° d°	1 »
» » Réserve W. L. (Bisquit, Dubouchéet C°)	d° d°	1 25
CURAÇAO SEC (Wynand Fockink)	d° d°	» 75
CHERRY BRANDY (Wynand Fockink)	d° d°	» 75
BÉNÉDICTINE	d° d°	1 »
CHARTREUSE	d° d°	1 »
BIÈRE EHRHAERDT frères (Brasserie d'Adelshoffen). la bouteille die Flasche		1 25
PALE ALE . . . . . . la 1/2 bouteille die 1/2 Flasche		1 25
EAU DE SELTZ, SELTERSWASSER . . d° d°		1 »
LIMONADE . . . . d° d°		1 »
CAFÉ ou THÉ	la tasse die Tasse	» 50

东方快车餐车上的价目表，1887 年。

对于大多数旅客而言，早餐并不是值得认真对待的一餐。很多人只喝一杯茶或者咖啡，或者饮一杯葡萄酒。

午餐在上午11点开始供应，包括汤、鱼类、切成大块的肉类和甜品，这对我来说是一份由四道菜构成的最重要的一餐，许多乘客似乎都乐在其中。

……下午6点又端上了晚餐，因为我们同行的旅客大多是普通的法国人或者德国人，晚餐对他们不只是应付了事而已。他们确实要吃晚餐，看他们其中一些人试着消费掉6法郎的份额，此情此景真是让人不会轻易忘记。[10]

赖利补充道，晚餐中有汤、小萝卜、鱼类、小牛肉配水田芥和芦笋，接下来是"挞和布丁"、奶酪、水果，以及最后的咖啡。

饮酒也在东方快车上占据了重要地位。一份1887年的价目表包括两种德国莱茵地区的葡萄酒、三种匈牙利葡萄酒、三种勃艮第葡萄酒和五种波尔多类别的"优秀葡萄酒"，后者密封口处有城堡标记，其中包括一种庞特－卡奈城堡①五级田所产的十年陈酿。客人们还可以在五种不同的香槟中选择，其中的廉价品牌"卧铺车厢起泡酒"是人们最能够承受得起的，与此同时凯歌香槟②的价格则是其两倍。[11]

根据玛格丽特·伊丽莎白·丽·柴尔德－维利尔斯的回忆录，极高等级的乘客甚至可以点菜单上没有的菜肴。这位女士是泽西伯爵夫人，曾在1890年结束了前往埃及和叙利亚的旅行之后，乘坐东方快车从君士坦丁堡返回欧洲：

在索非亚，保加利亚的斐迪南亲王由一位威风凛凛的男士陪伴着进入车厢，我们认为这位男士是不久之后被谋杀的首相斯塔姆博洛夫。这似乎是亲王打发时间的手段，搭乘列车并在车上用过午餐后，在边境下车，再乘坐下一班列车返回他的首都。表面上看，这是一种令人费解的消遣方式，但也许保加利亚已经比之前更缺乏活力了。[12]

餐车为亲王送上了杏子煎蛋卷和芦笋。其他乘客被告知这是一份"定制午餐"，他们不能和亲王享用一样的菜肴，这使一些英国人和美国人不太愉快，抱怨车上的对待不公。但贵族身份并不总是舒适的保证：在布达佩斯，塞尔维亚王后的妹妹被谦恭有礼地迎进了车厢，但因为空间狭小，"这个可怜的女人不得不在过道上过了一夜"。[13]

---

① 庞特－卡奈城堡（Chateau Pontet-Canet）是位于法国波尔多地区的波雅克村中心的五级梅多克特等酒庄之一，占地120公顷，紧邻五大酒庄之一的木桐堡。

② 凯歌（Veuve Clicquot），法国高质量香槟品牌，创始于1772年。

东方快车上的菜单，1890 年前后。

法国的东方学者兼作家皮埃尔·洛蒂[1]不太关注实际问题。在出版时题为《生活日志》的日记中，他栩栩如生地描绘了在 1890 年乘坐东方快车的旅程，着重强调了旅客构成的国际化，与车外的本地居民形成了鲜明对比：

> 列车在伊斯坦布尔的南面沿着马尔马拉海飞驰。在薄暮的笼罩下，它穿过古老的废弃居民区，即耶迪库勒堡垒附近的废墟。我能看到那些壮观冷酷的墙壁被打开豁口，好让列车通过。这是何等的反差啊，乘坐列车在如此令人绝望的环境中旅行，车上却有着愉快优雅的同伴！……
>
> 我们置身于餐车，来自不同国家的人们随意地在餐桌旁就座；与此同时，一座令人悲哀的小小清真寺让我们感到惊喜，它为这凄凉的环境带来了意料之外的光亮。[14]

1892 年，Wagons-Lits 在君士坦丁堡开设了一家酒店，为东方快车的旅客在换乘过程中提供可信赖的住宿。佩拉宫酒店位于贝伊奥鲁区，很多西方国家的大使馆就坐落在这一区域，可以一览金角湾[2]全景。[15]酒店外部是新古典主义风格，而内部的大理石、暗色木料和东方式的挂毯营造出一种充满东方情调的异国氛围。在开业后不久，这家酒店就成为 Wagons-Lits 旗下的香槟国际豪华酒店公司的一部分。

在铁路的另一端，这家酒店公司于 6 年后在西方开设了一家类似佩拉宫的酒店，即闻名遐迩的香榭丽舍宫酒店。这家酒店位于凯旋门附近，拥有 400 个配有电力照明和现代自来水管道的房间。酒店的设施包括图书室、美发室、照相馆、戏院和 Wagons-Lits 的旅行社。[16]上述两间酒店都拥有大型餐厅，可以提供由 12 道菜组成的盛餐——甚至比东方快车上的菜肴更为丰盛。在 20 世纪头 10 年，香榭丽舍宫酒店的菜单按照从清淡到油腻的顺序排列，最后是甜点，列出了如下菜品：汤、沙拉、鱼类、禽类、肉类、蔬菜、甜点和水果，其中包括小龙虾浓汤、香槟烩虹鳟、洋蓟心配帕玛森奶酪、冰镇哈密瓜等等。1903 年 6 月 5 日，东方快车庆祝 20 周年庆典时，餐车上的菜单包括"鹅肝酱、熏三文鱼、法式水波蛋、比目鱼梅特涅、砂锅鸡、甜点、奶酪、咖啡"。[18]

1914 年 7 月爆发的第一次世界大战为东方快车的黄金岁月画上了一个句号。欧洲境内的铁路由于战争受到了破坏，东方快车不得不暂停运营。此外，一些 Wagons-Lits 的车厢被野战医院列车征用。4 年后的 1918 年 11 月 11 日，在巴黎以北的瓦兹省贡比涅，法国元帅斐迪南·福煦[3]在他的私人列车 Wagons-Lits 餐车中签署了停战协议。此后，这

---

① 皮埃尔·洛蒂（Pierre Loti），法国小说家和海军军官，在海军服役时曾经到过近东和远东，作品富有异国情调。
② 金角湾（Golden Horn），是土耳其伊斯坦布尔的一个天然峡湾，一个从马尔马拉海伸入欧洲大陆的细长水域。
③ 斐迪南·福煦（Ferdinand Foch，1851—1929），法国陆军统帅。

君士坦丁堡的佩拉宫酒店中的餐厅，1925 年前后。

Wagons-Lits 编号 2286 的餐车，建造于 1911 年，在位于乌德勒支的荷兰铁路博物馆中展出。

一张描绘东方快车餐车连接处切面的展页，印刷在一本德国杂志上，1896 年。

节充满历史意义的车厢被法国人保留下来，作为在第一次世界大战中击败德国的象征。

第一次世界大战的结果对东方快车有着深刻的意义。欧洲和中东国家的国境线发生了戏剧性的变化。铁路运行图也因此进行了重新规划。1919 年，从巴黎出发的东方快车业务重新启动，但终点站后移到了布加勒斯特。同年开行了一列新的列车，绕行德国将乘客运送到君士坦丁堡。这列列车将已有的辛普朗东方快车路线——经瑞士—意大利的辛普朗隧道，连接巴黎和米兰——延伸到了南斯拉夫和土耳其。1919 年签署的《凡尔赛和约》，保证了这项新的铁路业务在巴黎至君士坦丁堡的线路上拥有十年垄断权。

最初，辛普朗东方快车是由战前的柚木卧铺车和餐车组成的。1922 年之后，Wagons-Lits 公司引进了新式的钢质餐车，配有时髦的装饰风艺术[①]内饰。这些车厢

---

① 装饰风艺术（Art Deco），一种经典的艺术风格，其渊源来自多个时期、文化与国度，其设计面向的对象是富裕的上层阶级，采用精致、稀有、贵重的材料，尤其强调装饰别致优雅，与上层阶级的品位相符合。

一开始装置在加来—地中海快车上，这列列车因为新车厢的外部配色而被起了"蓝色列车"（Le Train Bleu）的昵称。很快，这种身披海军蓝、两侧饰以黄色字母的列车外观就成为辛普朗东方快车的代表形象——很多乘客发现它比原来的东方快车更快捷、更时尚。

　　钢质车厢在技术层面上十分先进，而它的桃花心木装饰板也提供了一种奢华的内部氛围。卧铺包厢中舒适的沙发椅，会在夜间转变为标准床铺。餐车内部是由桃花心木镶嵌装饰组成的。餐桌由铜质台灯点亮，桌上备有精致的瓷器和水晶切割而成的玻璃制品。位于餐车一侧的厨房配有大型炭烤炉，还有装满一面墙的冰盒。冰箱通过大的冰块来降温，冰块会在停靠重要车站时更换，同时新的食材也会被运上车。由七个人组成的厨师团队包括大厨、餐车经理、厨房帮工和服务员。

41

鸡肉与土豆砂锅（6人份）

这道令人安慰的食物被列在 1924 年的辛普朗东方快车的菜单上，在法国相当于英式菜肴中的牧羊人派①，但它用水煮鸡肉取代了后者中的羊肉末。为了有更优雅的卖相，可以分别用六到八个耐热烤盘或者焗盘来进行烘焙，直到表面的奶酪呈现轻微的焦黄色。

700 克无骨、去皮的鸡胸肉（剔除脂肪和筋膜）

1 千克土豆，去皮、切碎

30 毫升牛奶

45 克无盐黄油（分开使用）

1 汤勺肉豆蔻粉

1 汤勺植物油

110 克熏肉，切成小丁

2 个中等大小的洋葱，切细

2 个蒜瓣，切碎

60 毫升酸奶油

2 汤勺第戎芥末

90 克粗粗磨碎的格鲁耶尔奶酪或者埃门塔尔奶酪

盐

白胡椒

将鸡肉切成 5 厘米左右的块，在将要沸腾的水中小火慢煨 8 到 10 分钟。然后吸干水分，把鸡肉放凉后切碎。将土豆置于淡盐水中炖煮，直到变软。在滤盆中滤干水分。将土豆放在锅中，加入牛奶、2 汤勺黄油、1 汤勺肉豆蔻粉、1 汤勺盐和 1 汤勺白胡椒后压碎成土豆泥。

在大煎锅（长柄煎锅）中用中火加热植物油和剩余的 1 汤勺黄油。在黄油融化之后，加入熏肉和洋葱，用中火翻炒并快速搅拌，直到洋葱变得透明。拌入蒜泥，再翻炒 1 分钟。最后拌入鸡肉、酸奶油与芥末。继续翻炒搅拌，直到煎锅中没有液体。

将烤箱加热到 200℃。在一个规格为 20 厘米见方的玻璃或陶瓷深烤盘中涂上黄油，将上述鸡肉混合物在其中均匀铺成一层，然后再铺一层土豆泥。在表面均匀地洒上奶酪。将烤盘放入烤箱烤 20 分钟，直到表面的奶酪呈现轻微的焦黄色。在室温中冷却 10 分钟，然后切成方块，端上桌。

---

① 牧羊人派（shepherd's pie），是英国菜里最经典的家常菜，是用土豆、肉类和蔬菜做的不含面粉的派，并不像西点中的其他派一样有酥皮。

一节 Wagons-Lits 钢质餐车的内部，1926 年。

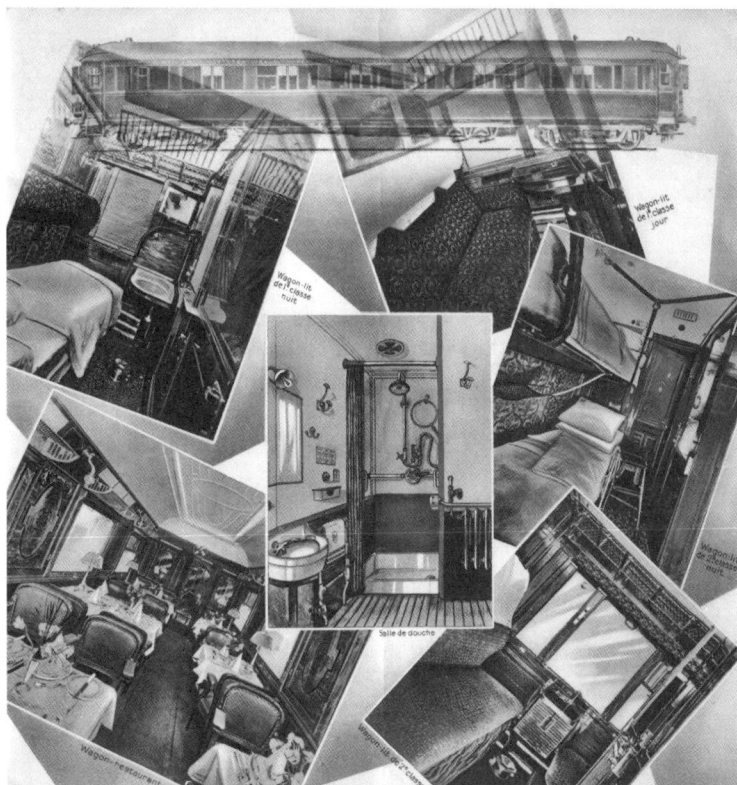

辛普朗东方快车各种包厢的展示图，1932 年。

辛普朗东方快车 / 金牛座快车路线示意图，Wagons-Lits/ Barreau & Cie，1930 年。

　　因为迅速和现代化的奢华，辛普朗东方快车尤其受到外交官、艺术家和作家的欢迎。欧内斯特·海明威、格雷厄姆·格林、阿加莎·克里斯蒂等作家在他们的著作中让这列列车名垂千古，创造出了一种诡异刺激的氛围。对于美国小说家约翰·多斯·帕索斯而言，辛普朗东方快车的餐车则是一个极佳的邂逅与观察其他旅客的地方：

　　每天在餐车中来回走动三次。第一次时正穿过塞尔维亚王国、克罗地亚和斯洛文尼亚，接下来通过保加利亚和希腊的一部分……这里有一位来自美国韦尔斯利的女士，她为《太平洋月刊》撰稿；还有个长得圆滚滚的亚美尼亚人……他在特拉比松目睹土耳其人肢解了他的父母和三个姐妹；头发铁灰色的高个子是标准石油公司的职员，他个头非常高，有着小小的啤酒肚，形状就像半个足球一样……另外一个男人，他的表上有许多许多标记，看起来就像个十四街的拍卖商；还有两个瘦骨嶙峋的殖民地英国人；上述所有人都衬在一个不断变换的背景上，背景中是脸色蜡黄、有着大鼻子和黑眼圈的巴尔干人。[19]

　　辛普朗东方快车开行之后，目的地除了君士坦丁堡还加入了雅典。来自巴黎的旅客在塞尔维亚小城尼什分成两批。直达列车经由斯科普里和萨洛尼卡前往雅典，途中穿过架设在希腊格高波塔莫斯河上的著名桥梁——它有 194 米高。线路中加入希腊，由此也增加了列车上的烹饪多样性。但英国的铁路作家乔治·贝朗在 20 世纪 30 年代晚期从雅典前往加来时，对巴尔干半岛饮食的评价并不高：

　　从这个方向乘坐辛普朗东方快车旅行，最好的事情就是食物和餐车会变得愈加高级。在呈上汤、意大利烩饭配贝类、羊肉饭、煎土豆与豆子、奶酪和水果之后，柚木餐车如期到达阿姆菲克利亚（雅典西北 170 公里处）。希腊产的纳乌萨红酒很适合搭配羊肉，但奶酪的味道有些太过于强烈了，土耳其咖啡和乌佐酒①也一样。菜单使用希腊语和法语手写，是通常的 Wagons-Lits 风格。

　　在经过斯科普里以后，端上来了一顿由开胃菜、猪肉、味道古怪的点心、颇具当地风味的奶酪组成的午餐。南斯拉夫的矿泉水喝起来非常古怪；达尔马提亚的雷司令②葡萄酒也不解渴，不过旅途的劳累增加了它的风味。[20]

　　贝朗对翌日列车过境意大利时的晚餐印象更加深刻：清汤、意式小方饺、牛肉馅意

---

① 乌佐酒（Ouzo），一种茴香味的开胃酒，在希腊和塞浦路斯十分畅销，是希腊文化的象征。
② 雷司令（Riesling），葡萄品种，被认为是最重要和最好的葡萄品种之一。

辛普朗东方快车的宣传册，Wagons-Lits/ Barreau & Cie，1930 年。

Wagons-Lits 编号 3348 的餐车（1928 年），在法国牟罗兹的火车城博物馆中展出。

大利水饺、贝尔培斯奶酪、水果和卡萨塔冰淇淋。他写道："终于，卡布奇诺替代了浓重的土耳其咖啡，而且金女巫①也与之相配。"(21)

1936年，东欧的东方快车的车厢与服务，和辛普朗东方快车上的一样现代而舒适，正如英国作家贝弗利·尼古拉斯当年前往罗马尼亚旅行时所写的那样：

> 东方快车过道里的铃响了。午餐！我们饥肠辘辘地起身，充满了对吃到脆皮卷、土豆蛋黄酱、小牛肉配绿豌豆和乡村奶酪的期待，还有从无柄无脚的杯中畅饮白葡萄酒（这是喝白葡萄酒的唯一方式）的喜悦。诱惑我们的不仅是食物，还有可以在由玻璃与钢铁制成的精致车厢中狼吞虎咽、疾驰穿过一个陌生国家的这个事实。如果有人不喜欢在这列列车上享用午餐，他肯定有什么地方相当不对劲。(22)

有人显然不喜欢这种奢华，他就是后来成为英国陆军少将的罗伊·雷德格瑞夫②。20世纪30年代，还是个孩子的他独自乘坐东方快车在父母居住的罗马尼亚和英国之间往返，当时他就读于英国的寄宿学校。第一次旅行时雷德格瑞夫只有九岁，这个沉默的英国男孩发现，他没有办法独自走进餐车，选定一张餐桌，坐在一个完全陌生的人面前。他只吃饼干和巧克力棒度过了两天。"第三天我很饿，并且对自己感到抱歉，"他后来回忆道，"突然，门滑开了，一位女士问我，'请见谅，但你想和我一起做个伴吗？我很不喜欢一个人吃饭。'我跳起来，跟在她后面。"雷德格瑞夫后来回想，在20世纪30年代，几乎每年他都会在东方快车上度过三个星期时间。他同样注意到了即将来临的战争征兆："旅行变得不再有意思了……人们被带下列车……犹太人和许多身着黑色制服的人遭到搜查。"(23)

又一次，战争的爆发终结了东方快车的运营。1939年9月德国入侵波兰以后，大多数欧洲豪华长途列车中止了服务。但仍然有一列Wagons-Lits的餐车在这场战争中扮演了重要角色。1940年德国入侵法国时，阿道夫·希特勒要求法国在1918年签订一战停战协议的同一节车厢中签署降书。第二次世界大战期间，德国人将这节具有历史意义的车厢搬到柏林进行展示，后来在战争结束前不久毁掉了它。

很多Wagons-Lits的车厢在第二次世界大战中遭到破坏，铁路基础设施也遭到严重损伤。战后，始于1948年的美国马歇尔计划③部分资助了欧洲铁路的重建。在此之前，

---

① 金女巫（Strega），一种诞生于19世纪60年代意大利贝内文托的金色利口酒，含超过70种花草。在意大利语中strega意为女巫。——编注

② 罗伊·雷德格瑞夫（Roy Redgrave，1925—2011），英国陆军少将，曾任英国驻港部队指挥官。

③ 马歇尔计划（Marshall Plan），官方名称为欧洲复兴计划（European Recovery Plan），是第二次世界大战后美国对战争破坏后的西欧各国进行经济援助、协助重建的计划，对欧洲国家的发展和世界政治格局产生了深远影响。

辛普朗东方快车已经重新开始在一部分原有线路上运行，并在 1947 年再次运营从巴黎到伊斯坦布尔的整条线路，但直到 1951 年这条线路才再次连上了雅典。有经验的旅客们注意到，很多列车都不像战前那样组织有序、保养良好，也没有配备足够的工作人员。

从 20 世纪 40 年代晚期，到以 1989 年柏林墙倒塌宣告其结束的冷战时期，除了一些偶发情况之外，东方快车是东西欧之间为数不多的连接手段之一。严格的边境管制让旅行变得困难，东巴尔干半岛上的公民则根本不被允许自由旅行。共产主义国家通过加入自己的餐车、卧铺车和三等座车厢，使从前的奢侈列车变得"民主化"。在同一期间，西欧铁路也引入了带铺位的旅游者车厢，并且在长途车厢中加入了平价座位。

1950 年，《生活》杂志记者罗伊·罗南和摄影师杰克·伯恩斯乘坐辛普朗东方快车从巴黎前往伊斯坦布尔。他们感受到，这不是一列单纯的列车，而是一个通过联运连起无数个目的地的复杂集合体。在穿过瑞士和意大利时，车上还有着假日气氛，乘客们也很享受仍在提供的美食佳肴。然而经过盟军控制下的边境城市的里雅斯特①（后成为意大利的一部分）时，列车进入了"冷战双方的过渡区域"。经过的里雅斯特以后，只有两节从巴黎开来的车厢继续前行，但列车中加入了满载农民与军人的三等座车厢。辛普朗东方快车上只剩下七位乘客，其中没有旅游者。大多数乘客是外交使节：两个美国人，两个英国人，分别前往各自位于贝尔格莱德和索非亚的使馆。根据其中一位的描述，人们可以根据列车上的食物和饮料判断出途经国家的许多信息："在意大利和德国，你可以喝到葡萄酒和啤酒，就像这两个国家的人民——轻盈、热情。但在南斯拉夫，你只能喝拉基亚酒②这样的液体炸弹，和南斯拉夫人一样，相当粗犷强壮。"(24)

此时，Wagons-Lits 公司在巴尔干半岛国家失去了经营餐车的许可权。"南斯拉夫人和巴尔干半岛人经营他们自己的餐车，其结果对人们的消化系统具有摧毁作用。"《生活》杂志的记者如此报道。他还补充说，此前英国的外交官在南斯拉夫的餐车上有过不好的体验，因此他们自备火炉和配开罐器的罐头食物。(25)

---

① 的里雅斯特（Trieste），意大利东北部边境城市，在第二次世界大战期间一度属于南斯拉夫，在 1954 年与意大利合并。

② 拉基亚酒（Rakia），一种经过发酵的果实生产的蒸馏酒，主要产自巴尔干半岛诸国。一般酒精度数在 40% 左右，但个人生产的拉基亚酒有时度数会达到 50% 或 60% 左右。

珀尔曼公司编号 4110 的车厢（1926 年），被重新装饰为一节威尼斯辛普朗东方快车的餐车。

伊斯坦布尔锡尔凯吉车站的东方快车餐厅，2013 年。

在辛普朗东方快车陈列馆中供应的菜肴。

土耳其四季豆配百里香和酸奶（6到8人份）

这道美味的土耳其菜，是1971年行驶在慕尼黑与伊斯坦布尔之间的伊斯坦布尔快车菜单上的一道开胃菜。这趟列车与从巴黎开行的"直达东方快车"类似。

3 汤勺橄榄油

2 个中等大小的洋葱，切成大小适中的小丁

3 个大蒜瓣，切成薄片

450～500 克新鲜的四季豆（意大利扁四季豆或者罗马豆），对角切成8厘米左右的片

2 汤勺番茄泥

1 茶勺砂糖

180 毫升水

1 茶勺风干的百里香（或1汤勺新鲜百里香叶）

盐和黑胡椒各1/2 茶勺

2 个中等大小的番茄，切成大块

1 个小柠檬挤出的汁

浓酸奶（希腊式或土耳其式），用作配菜

新鲜的香芹碎，用作装饰

在一个直径30厘米的大煎锅（长柄煎锅）中加热橄榄油，用中火翻炒洋葱直到变得透明。加入蒜泥，继续翻炒2分钟。然后加入四季豆，与油拌匀。用水澥开番茄泥和砂糖，将其拌入四季豆中，再拌入百里香、盐、胡椒和大块番茄。当上述混合物沸腾时，盖上锅盖用中火炖煮，不时搅拌，直到四季豆变得很软（约30分钟）。最后打开锅盖，继续炖煮一会儿，直至收汁、番茄酱变得浓稠。

关火，让四季豆在锅中冷却至温热，拌入柠檬汁。可以在温热或者室温状态下端上桌，每份各自用酸奶和一撮香芹碎来装饰。

1950 年，从巴黎到伊斯坦布尔的旅程需要花费 80 个小时，而第二次世界大战前只需要 56 小时。《生活》杂志的记者认为保加利亚尤其应该对此负责："他们在每个小镇都要拦停列车，拉长了列车时刻表。"[26] 保加利亚严苛的签证政策成了前往伊斯坦布尔的旅行者的一个主要障碍。在土耳其，辛普朗东方快车装载的工作人员比乘客还多。在土耳其边境挂上列车的 Wagons-Lits 餐车也是如此，这节古董柚木车厢的历史可以追溯到第一次世界大战前。根据《生活》杂志的记者所说，列车处在亏损状态，继续运营的原因只是想要保存传统。

东方快车的东欧线路状态也好不到哪里去，这列列车要在奥地利和匈牙利的边境穿越铁幕①，还要在波兰与捷克斯洛伐克开展联运。捷克裔美国作家与美食家约瑟夫·威施伯格曾经描写过一节 20 世纪 50 年的捷克斯洛伐克餐车：

> 这里没有劝说旅客前往蒙特卡洛过冬，或者到多维尔避暑的法语海报，取而代之的是一张捷克语海报："步步跟随苏联，追求和平与民主！"另外一张则是布拉格的俄国书籍展。餐车中只安放了四到五张餐桌。餐车经理给我们拿来了一瓶捷克梅子白兰地作为开胃酒。[27]

因为天气寒冷，车厢里没有取暖设施，威施伯格和他的旅伴又喝了几轮梅子白兰地。最后给他们端上来的是一份"吝啬的"午餐，包括一碗和水差不多的清汤、一小片肉、两个土豆和一个苹果。

1962 年，开往维也纳和布达佩斯的经典东方快车失去了官方承认的奢华地位，但仍然在运营。辛普朗东方快车只在巴黎和萨格勒布之间运行，并且像早期那样被称作辛普朗快车。只有一列被称为"东方直达车"的廉价列车继续从巴黎开向伊斯坦布尔和雅典。这列列车的服务和餐食的质量都不高，旅行者可以在卧铺包厢中的铺位和硬座车厢中较便宜的座位中进行选择。

1971 年时，人们还可以在这条线路的意大利段享用完整的正餐，其中包括皮埃蒙特牛肉面疙瘩、烤牛排骨肉、洋蓟配新鲜香芹和薄荷白葡萄酒、意大利奶酪，以及水果或者甜点。在同一趟旅途中，南斯拉夫的餐车供应俄罗斯沙拉、蔬菜汤、烤小牛肉配土豆泥与胡萝卜泥、番茄沙拉、土耳其咖啡和梅子白兰地。[28] 但短短几年后列车上就不再配备餐车了。仅有的乘客中大部分是移民与嬉皮士，他们不得不在经停的火车站买食物，或者是自带能够坚持几天的食物。

---

① 铁幕（Iron Curtain），特指冷战时期将欧洲分为两个受不同政治影响区域的界限。

马斯卡彭奶酪慕斯配意大利马萨拉酒（6 人份）

意大利食材是这道优雅又易于制作的甜点的特色。这道菜在克里斯蒂安·博迪戴尔创作的菜谱上有一些调整，博迪戴尔是满富怀旧气息的威尼斯辛普朗东方快车上的行政主厨。

3 个大鸡蛋，将蛋清与蛋黄分离
150 克精白砂糖（分开使用）
170 克马斯卡彭奶酪
1 茶勺香草精
60 毫升甜马萨拉酒
2 汤勺松子，用作装饰

将松子置于预热后（165℃）的烤箱中烘烤 8 分钟，随后冷却。

将蛋黄和 120 克精白砂糖一起搅打，直到砂糖融化、混合物呈淡黄色并且变得浓稠，然后搅入马斯卡彭奶酪和香草精。在另外一个碗中，用干净的打蛋器搅打蛋清，直到顶部出现柔软的泡沫。接下来加入剩余的砂糖继续搅打，直到混合物变得硬而光滑，但不干燥。轻轻将搅打后的蛋清与马斯卡彭奶酪混合物合在一起。

将慕斯平均分在 6 个带柄的冷甜点玻璃杯或者大葡萄酒杯中，然后覆盖上保鲜膜，在端上桌前放进冰箱冷藏 24 小时。即将上桌之前，向每个杯子中舀入 10 毫升马萨拉酒，并用烘烤后的松子装饰慕斯。

东方快车上的朴素无华已经成了一个传奇。1975 年，这让旅行作家保罗·索鲁①停下来思考，为什么有这么多作家都将这列列车设定为犯罪和诡计的背景。"因为东方快车在许多方面致人死命。"他继续道：

曾经一度以服务闻名的东方快车，现在正以缺少服务而闻名。印度的首都快车上供应咖喱，巴基斯坦的开伯尔邮车也是如此。马什哈德快车上供应伊朗式鸡肉烤串，而在开往日本北部札幌的列车上则有熏鱼和糯米……

饥饿剥夺了旅行的乐趣，从这一观点来看，东方快车比最糟糕的马德拉西列车更加差劲，人们在马德拉西列车上苦存午餐券，就为了获得锡盘子上盛的蔬菜和一夸脱②米饭。(29)

随着机票价格日渐下降，被人忽视的东方快车却速度变慢、体验变差。最终，欧洲的铁路公司决定终止这项业务。1977 年 5 月 19 日，最后一列东方快车驶离巴黎的里昂车站。在大量新闻报道中，这列开往伊斯坦布尔的列车被描述为最后一列东方快车。但前往维也纳和布达佩斯的经典路线仍然在运营，这些有着浓厚怀旧气息的列车将很快重振"只存在于传说中的"东方快车的声名。

同年，海运集装箱有限公司的总裁兼首席执行官詹姆斯·舍伍德，在蒙特卡洛的一次拍卖中获得了两节战前的 Wagons-Lits 车厢（造于 1929 年）。公众误以为东方快车终止业务后的反应和流行图书、电影——比如 1974 年改编自阿加莎·克里斯蒂畅销神秘小说《东方快车谋杀案》的那部——启发了他。舍伍德认为，他有能力让如此著名的列车的品牌与名声重焕青春。(30) 他又花费四年时间和 110 万英镑购买了更多车厢，并在 1982 年威尼斯辛普朗东方快车（VSOE）开始运营前进行翻新。至此，这列豪华的"邮政游轮"开始使用修复后的 Wagons-Lits 车厢和现代机车，在伦敦、巴黎和威尼斯之间穿梭。在接下来的几十年中，舍伍德围绕 VSOE 建立起了一个现称贝尔蒙德的酒店帝国，并且开始在英国、爱尔兰、秘鲁和新加坡经营其他豪华列车。

在卧铺车以外，VSOE 还使用造于 20 世纪 20 年代的豪华珀尔曼列车，这种车厢几乎没有在原版东方快车上运行过。这些珀尔曼列车最初是为巴黎至阿姆斯特丹的北极星列车和其他豪华日间列车设计的特等豪华客车车厢，带有车上服务厨房。经过翻新后，它们被用作威尼斯辛普朗东方快车的餐车。

比起在第一次世界大战前和两次世界大战之间处在黄金时期的东方快车上，在 VSOE

---

① 保罗·索鲁（Paul Theroux，1941— ），美国旅行作家与小说家。

② 夸脱（quart），容量单位，主要在英国、美国和爱尔兰使用，1 夸脱在英国约等于 1.14 升，在美国约等于 0.95 升。

上用餐的体验更加优雅精致。1982 年，VSOE 的年度菜单包括一些昂贵的食材，如鱼子酱、鹅肝酱和龙虾。[31] 虽然 Wagons-Lits 的主厨们没有留下姓名，但 VSOE 的主厨们却受到了明星般的待遇。VSOE 的第一任行政主厨是米夏埃尔·郎斐，1984 年后克里斯蒂安·博迪戴尔接手这一职位。他的代表菜式是夏洛莱牛肉配松露鱼子酱，以及烤盐渍羊肉配洋苏草风味大麦粥。受到阿加莎·克里斯蒂小说中人物的启发，调酒领班瓦尔特·纳西调制出了列车上的标志性鸡尾酒——"有罪 12 人"，用 12 种原料代表小说中的 12 个嫌疑人。

尽管票价高昂，威尼斯辛普朗东方快车却大受欢迎，尤其受到蜜月夫妇和庆祝纪念日的人们所喜爱。它还吸引了许多名人，成为多个电视节目的取材对象，虽然这些电视节目在公众间稍微扭曲了东方快车的形象。VSOE 每年都会跑一次到伊斯坦布尔的全程，这个城市是最初的旅途终点。现在，列车时刻表依然定期加入欧洲内部的新目的地，其中甚至包括原版东方快车都没有抵达过的某些城市。这些路线也为博迪戴尔主厨创造新的菜式带来了启发：

> 数年来，我曾经使用应季的食材创造了许多菜肴，列车在某个季节抵达的目的地也为我带来了灵感。举个例子，在每年的伊斯坦布尔之旅过后，我通常会在菜肴中融入某些特殊的香料，例如漆籽、孜然和无核小葡萄干。在 2013 年启动从威尼斯出发，途经哥本哈根到斯德哥尔摩的新线路之后，我和我的团队在车上供应的每道菜中都用了许多斯堪的那维亚半岛的浆果和调味料。[32]

2016 年，贝尔蒙德公司宣布与巴黎大维富餐厅的米其林明星大厨盖伊·马丁合作，为威尼斯辛普朗东方快车的乘客设计更健康、更清淡的菜单。[33]

当追忆往日时光的列车，如 VSOE、稍欠成功的怀旧伊斯坦布尔东方快车和珀尔曼东方快车吸引众人关注的同时，原版东方快车的剩余部分却湮没在沉寂中，被大众传媒遗忘。作为一列寂寂无闻的夜间列车，原版东方快车在长达数十年的时间中仍然在巴黎、维也纳和布达佩斯之间运行。1995 年以后，它成为欧洲夜车网络的一部分，使用现代化的卧铺车厢。票价中包含早餐，但无论如何也称不上奢华。2001 年，列车的行程缩短为巴黎到维也纳之间。短短几年后，行程的起点又变为法德边境的斯特拉斯堡。

2009 年 12 月，欧洲夜车旗下的东方快车终止服务。在运行 126 年之后，航空和高铁为这列经典的快车画上了句号。英国记者罗宾·麦凯目睹了它的最后一次旅程。在斯特拉斯堡上车的时候，他拿到了一个苹果和一瓶矿泉水。早晨 6 点，一杯盛在塑料杯里的咖啡唤醒了乘客——列车已经抵达维也纳："一小队郁郁寡欢的漫游者从东方快车里涌出，没入灰暗的清晨，完全不关心他们在旅途中乘坐的这列历史性的列车前途命运如何。"[34]

出自拉斐尔·德·奥乔亚·Y.马德拉索与勒梅西埃（印刷商）的海报，
在 1900 年巴黎世界博览会上宣传参展的跨西伯利亚铁路。

从鱼子酱到神秘的肉：
在跨越欧亚大陆的西伯利亚铁路上吃饭

莎朗·哈金斯

对于很多旅行者而言，在跨西伯利亚铁路上飞驰是一生一度的难得际遇——这是一次小说加以描写、歌曲加以赞美、游记中有过记载、电影里曾经刻画的旅行。对另一些人来说，跨西伯利亚铁路则通向放逐、牢狱或是更糟糕的事物。然而，对许许多多的人而言，无论在过去还是当下，这条铁路都仅仅只是经陆路穿越广袤无垠的俄罗斯，从一地前往另一地最便捷、最廉价的方式之一。

跨西伯利亚铁路的主线建成于 1891 年至 1916 年间，连接俄罗斯首都莫斯科和该国在太平洋上的主要港口符拉迪沃斯托克。这条铁路最初被称为西伯利亚大铁路，铺设在乌拉尔山脉和俄罗斯远东地区之间的西伯利亚南部，与俄罗斯欧洲部分已有的铁路相连。最终，莫斯科与符拉迪沃斯托克间的整条铁路，以俄语的 "Транссибирская Железнодорожная Магистраль"（跨西伯利亚铁路主线）和英语的 "Trans-Siberian Railway"（跨西伯利亚铁路）为世人所知。在莫斯科，跨西伯利亚铁路与穿梭于首都和俄罗斯第二大城市，位于芬兰湾畔的圣彼得堡间的列车汇合，让乘客经由欧亚两大陆上的铁路跨越俄罗斯全境成为可能。这可是将近一万公里的路程。

当跨西伯利亚铁路于 1916 年竣工时，它成为世界上最长的铁路，同时也是当时最伟大的工程建设之一。最终，它发展成为一个由数千公里铁路构成的复杂铁路系统，包括支线铁路、干线铁路，以及与洲际主线连接的分支铁路，同时提供货运和客运业务。

在 1897 年至 1903 年间，还建设了一条较短、成本较低的俄罗斯铁路。这条铁路通向太平洋沿岸，在俄罗斯东部外贝加尔边疆区的赤塔①与跨西伯利亚铁路主线分道扬镳，然后穿过中国东北部，在哈尔滨分为两条分支，其一北延至符拉迪沃斯托克（海参崴），

---

① 赤塔（Chita），俄罗斯外贝加尔湖边疆区首府，位于赤塔河、音果达河与跨西伯利亚铁路交界处。

位于符拉迪沃斯托克的纪念碑，标志着跨西伯利亚铁路的东向终点。距莫斯科 9288 公里。

西西伯利亚铁路历史博物馆中展出的苏联时代机车，新西伯利亚市，2008 年。

庆祝跨西伯利亚铁路主体部分完工 100 周年的纪念邮票，2002 年。

另一则南下至旅顺和北京。这条铁路一开始被命名为中国东方铁路①，后称"跨满洲"铁路。与跨西伯利亚铁路相连的其他主要线路还包括：更加靠北的贝加尔—阿穆尔主线铁路（简称贝阿铁路，BAM），从西伯利亚东部通往俄罗斯远东的太平洋沿岸地区；仍在建设中的阿穆尔—雅库特主线铁路，通向俄罗斯远东地区；连接俄罗斯与蒙古国的蒙古纵贯铁路，与通向北京的中国铁路系统相连；连接俄罗斯与哈萨克斯坦的土耳其斯坦—西伯利亚铁路（简称 Turk-Sib 铁路）。

　　跨西伯利亚铁路至今仍是全球最长的连续客运铁路。但与公众看法相悖的是，这条线路上从来没有一列单独的俄罗斯列车被命名为"跨西伯利亚特快"。虽然在西方进行推广时这条线路上奔驰的火车被称作"跨西伯利亚特快"，但它实际上是一项要在莫斯科和符拉迪沃斯托克之间更换多列客运列车的长途铁路服务。在 20 世纪 30 年代，跨西伯利亚列车每周间隔一天发车，在上述两个车站对开。这一时刻表至今还在使用。在俄罗斯，从符拉迪沃斯托克出发的列车被标为"1 号车"，从莫斯科出发的列车则被标为"2 号车"——标有这两个数字的列车都被称为"Россия"（俄罗斯）。另外，其他客运列车则被命名为"西伯利亚""叶尼塞""巴卡尔""鞑靼斯坦"，它们在跨西伯利亚铁路的各部分上固定往来，只穿梭于几个特定的主要城市之间，例如伊尔库茨克与符拉迪沃斯托克之间，或者莫斯科与喀山之间。

　　从始至终，俄罗斯的铁路系统都是政府所有的企业，虽然有时私有公司会作为投资者和特许经营权获得者参与其中。在不同的时期——沙皇时期、苏联时期、后苏联时期——餐车和车站餐厅（"自助餐厅"）的餐饮服务时而由政府提供，时而由特许经营权获得者或专营权获得者供应。此外，沿线车站站台上自由活动的小贩们，也一直向乘客出售丰富的本地和地区性食物。

　　在 19 世纪 90 年代的建设初始阶段，线路上的多个车站还没有铺轨贯通，所以只有部分路段提供乘客服务，列车上也没有餐车。旅客必须用野餐篮自带食物，或者在通常大型车站才有的车站餐厅就餐，又或者向站台上的小贩购买他们自己种植、自己制作的食物。

　　1898 年 8 月，当克拉斯诺亚尔斯克②到伊尔库茨克③之间的跨西伯利亚铁路向乘客

---

① 中国东方铁路（Chinese Eastern Railway），指俄罗斯帝国修筑的从俄国赤塔经中国满洲里、哈尔滨、绥芬河到达符拉迪沃斯托克的铁路在中国境内的那一段铁路系统的总称，最初被称为东清铁路。中华民国成立后称中国东省铁路、中国东部铁路，简称中东铁路、中东路。伪满洲国与苏联共同时期，北段改称"北满"铁路，南段改称"南满"铁路。

② 克拉斯诺亚尔斯克（Krasnoyarsk），俄罗斯克拉斯诺亚尔斯克边疆区的首府，位于叶尼塞河与跨西伯利亚铁路的交汇点，是西伯利亚地区第三大城市。

③ 伊尔库茨克（Irkutsk），俄罗斯伊尔库茨克州的首府，是西伯利亚地区最大的工业城市、交通和商贸枢纽。

跨西伯利亚铁路沿线的站台小贩正在向乘客出售用托盘装好的食物，1900 年。

在跨西伯利亚铁路某站吃着小贩出售食物的乘客们，1901 年。

开放时，一位名叫阿诺特·里德的英国旅客反映："每过一段合适的间隔，路上就有极佳的茶点室和餐厅，乡下人也被允许在车站附近摆摊设点，用低廉的价格向手头比较紧的乘客出售粗黑面包、肉、熟鸡，以及诸如此类的食物。"[1]

在 19 世纪 90 年代旅行的英国人罗伯特·L.杰斐逊非常生动形象地描述了这些早期的车站餐厅：

我们挤了进去，发现置身于一座狭长、被粉刷成白色的公寓楼中，热得快要窒息。在这座公寓楼的中心，有一条摆放着玻璃杯、盘子和餐具的长桌。桌子的一边是长长的吧台，放满了小玻璃杯和大瓶子，大多数都盛着伏特加，还有至少五十盘开胃菜——沙丁鱼、少许香肠、小鲱鱼、鱼子酱、黄瓜片、腌蘑菇、少量而精致的奶酪、生萝卜、熏鲱鱼等等。（此外）还有一个类似厨房的角落，蒸着各种各样的炸肉排和俄罗斯牛排……伏特加吸引了刚刚到来的乘客。每个人都大口喝着小玻璃杯里的烈性液体，抓起一片鱼、香肠或是奶酪，总之是他喜爱或者是在他手边的任何食物，安坐在大桌子旁边尽情大嚼。活力满满的服务员快步走向乘客，在他面前放下一大盘无处不在的卷心菜汤。这个俄罗斯人低下头，开始用大汤匙舀汤，明显对汤的热度和周围人的感受毫无知觉。桌子上摆满食物。覆满脂肪、又厚又大的棕色肉块被迅速地分发给大家，然后同样迅速地被一扫而光。[2]

约翰·W.布克瓦尔特是一位美国实业家，曾经在 1898 年途经西伯利亚的部分地区。他提到，在车站的餐厅"你可以喝汤，享用你吃过的最好的牛排，以及既可口又多汁的美妙俄式烤整鸡，还有土豆和其他的蔬菜，一瓶在这个国家酿造的精制啤酒。这些只需要 1 卢布——大约等于 50 美分"。[3]

1900 年，在连接莫斯科和东西伯利亚首府伊尔库茨克的无缝线路上开始经营客运业务。伊尔库茨克大致位于跨西伯利亚铁路的中点。当时，从莫斯科到伊尔库茨克需要八天，而从莫斯科前往太平洋的全程的时间则长得多，因为这条线路在俄罗斯远东地区的路段还尚未完工。从伊尔库茨克到符拉迪沃斯托克的这一段路程，必须先搭乘破冰火车轮渡穿过贝加尔湖，然后乘坐桨轮蒸汽船跨过石勒喀河与黑龙江，冬季的话则乘雪橇穿过河面上结冰的"冰路"。现在，莫斯科至符拉迪沃斯托克的特快列车只需要六到七天就能跑完全程。

1900 年夏，弗朗西斯·E.克拉克牧师从符拉迪沃斯托克出发，搭乘火车并经由水路，自东向西前往莫斯科。因为途中发生的意外导致延误，这次旅行花费了 38 天时间。他在火车上的第一顿饭是在最早的跨西伯利亚铁路餐车里吃的，当时身处符拉迪沃斯托克至哈巴罗夫斯克的乌苏里支线铁路上：

中间摆着一条长餐桌，也许能够容纳20人同时就餐，一旁的吧台上有各种或清淡或浓烈的饮料和俄罗斯人心爱的可口小吃，例如鱼子酱、沙丁鱼和其他小鱼……长餐桌上摆着套餐，由三四道菜组成，人们可以根据定价点餐……虽然并不奢华……（餐食）对于普通的旅行者来说已经相当足够。当然，人们必须习惯油腻的俄罗斯汤品和粗糙的大块炖肉，可能是牛肉、羊肉，也可能是猪肉，谁也无法确定。[4]

在19世纪末20世纪初，俄罗斯政府出版了《西伯利亚大铁路指南》，这是一本520页的书，有英语、德语、法语和俄语版本，为这条新建成的铁路招揽乘客。书中有超过350幅照片与插图，为当时莫斯科与符拉迪沃斯托克之间的跨西伯利亚铁路全程提供了详尽的历史、地理、农业、工业、经济、民族、城市、文化地标、车站与铁路车辆等方面的信息。

为了推销作为跨西伯利亚铁路主线分支的莫斯科至北京线路，1900年巴黎世博会的俄罗斯亚洲部分与西伯利亚馆中展出了四节豪华列车车厢，它们是比利时Wagons-Lits与欧洲特快公司（与美国的珀尔曼铁路车辆公司相似）生产的客车车厢，将会在这条铁路上投入使用。这些精美的列车车厢中包括两节餐车车厢，参加世博会的游客可以在其中享用可能会出现在火车旅行菜单上的菜肴。

俄罗斯馆的Wagons-Lits侧厅还包括两家火车站餐厅，一家俄式，另一家则是中式，分别代表铁路线的两端终点站，即莫斯科和北京。这些餐厅提供多道菜肴构成的法餐、俄餐和中餐，但根据某些当时的记载，在世博会的铁路餐车中供应的餐食相当简单，只有一例汤和一道主菜，然后是水果和咖啡。[5]

这些豪华车厢，包括餐车，都是放在俄罗斯馆内一组钢质铁轨上的静态展品。为了创造出从俄罗斯到中国的动态旅行的氛围，Wagons-Lits公司委托两位法国戏剧布景画家绘制了一幅沿线风景与地标全景图。这幅全景画布卷轴被装置在车厢窗外，此外还有单独的剪纸人物和其他风景，在前景中以不同的速度移动。这样的景象赋予车厢中的参观者一种错觉，似乎列车正在徐徐越过俄罗斯的大草原，经过有木屋和洋葱穹顶教堂的市镇，穿过森林与山脉，最终进入富有异国风情的中国。餐车里的用餐者可以在啜饮葡萄酒、享用美食的同时，想象自己不久后就要踏上的真正旅程。这样一次完整的体验经过了精心设计，以宣传在跨越两大陆的新铁路旅行中的激动人心之处。[6]

但现实并不总是符合公众的期待。20世纪最初几年，Wagons-Lits公司确实在俄罗斯运营了一对所谓的"国际"列车，在欧洲被宣传为"跨西伯利亚特快"服务。为了吸引跨西伯利亚铁路沿线的外国乘客，这些列车比当时的普通俄罗斯列车豪华。但因为该公

色尔扬克汤（酸辣肉汤）（6人份）

这道浓厚、辛辣的汤经常出现在车站的自助餐厅和火车餐车里。作为一种处理熟肉剩菜的良好方式，色尔扬克汤里通常有些盐渍食材，例如腌黄瓜、腌橄榄和腌刺山柑，有时还会用到德式酸菜和腌蘑菇。

115克熏肉，切丁

2汤勺植物油

2个中等大小的洋葱，切细末

2个大蒜瓣，切碎

1汤勺甜（温和）辣椒粉

60毫升番茄泥

340克熟香肠（例如法兰克福香肠、德国烟熏黑啤酒香肠、德国蒜肠），横向切成6毫米厚的圆片

115克熟火腿，切成薄长条

4小片或2中片酸莳萝泡菜，去籽，切成5厘米长的片

1.75升牛肉汤

1片月桂叶

1茶勺现磨黑胡椒

1/2茶勺盐

100克去核的完整黑橄榄或青橄榄

1汤勺腌刺山柑

新鲜的柠檬叶，用作装饰

酸奶油，用作装饰

在大汤锅里用中火同时加热熏肉和植物油，以融化熏肉的部分脂肪。将火力调至中高火，加入洋葱并翻炒至金黄。然后调至小火，拌入蒜泥与辣椒粉烹制，不断搅拌1分钟。接着快速拌入番茄泥，并加入肉、泡菜、牛肉汤、月桂叶、黑胡椒与盐。用高火煮沸肉汤后调至小火，半盖锅盖，慢煨10分钟。最后加入橄榄与刺山柑，再慢煨5分钟。趁热端上桌，每碗都用两片柠檬叶和一大团酸奶油装饰。

一间俄罗斯火车站餐厅，1901 年。

巴黎世博会上的俄罗斯馆，1900 年。

司不确定跨西伯利亚计划是否能够盈利，最初并没有在这条线路上投入最好的车辆。不过，一位数次乘坐这些"国际"列车穿越西伯利亚的美国人对它们的印象仍然十分良好："餐车中的菜肴无与伦比——这是一场物资充足的游戏，有不限量的来自途中贝加尔湖的鱼子酱、浓稠的西伯利亚奶油、丰富的酱料、白兰地、优质的雪茄。"(7)

在新的跨西伯利亚线路上，俄罗斯人也在运营他们自己的高档"国家特快"列车。外国旅行者对这些俄罗斯豪华列车的评价各异。有些人赞成将其与比利时经营的"国际"列车相提并论，然而其他人认为它们不如欧美的同类列车。大多数俄罗斯人和一些外国人一样，在跨西伯利亚铁路上乘坐慢速廉价的普通本地列车或者长途列车，这些列车的舒适度、整洁度和餐饮服务的标准都比较低。

1901年，美国旅行作家和摄影师E.伯顿·霍姆斯①乘坐"国家特快"列车穿越俄罗斯。霍姆斯写道，餐车是"一个闷不透风的地方"，"服务很差，但菜肴精美可口：有美味的面包、绝佳的小牛肉、分量十足的汤品。有时是凉爽的冰沙，漂浮着叮当作响的冰块碎片；有时是沸腾的汤汁，带着一大堆如同火山岛一般升起的蒸牛肉"。(8)

英国国会议员亨利·诺曼也曾在1901年乘坐过俄罗斯"国家特快"列车，他提到"餐车丝毫不能与东方快车或里维埃拉特快列车②相提并论"，并抱怨"如果餐车安排得当的话，应该可以容纳所有的乘客。但实际上，乘客不得不奋力挤进去以找到一张桌子……我们等了又等，才等来我们的菜"。(9)诺曼对跨西伯利亚铁路沿线的车站餐厅的印象更好，尤其是鄂木斯克③的车站餐厅：

走进通常融候车室和餐厅于一体的大厅；有精心铺陈的桌子……高大的水晶烛台蒙着红色平纹细布。桌子的一边是茶台，铜茶炊发出轻柔的咕咕声；另一边排列着挑动饥肠的热菜，微笑的大厨穿着痕迹斑斑的亚麻衣服，在烤肉上方挥动着厨刀。这些供应的餐食如此诱人，让我们在这里吃了饭，而没有在餐车用餐。(10)

20世纪头几年的一位美国旅行者却没有他这么满意，抱怨在西伯利亚东南部的赤塔火车站吃的餐食："我们下午两点抵达赤塔，在餐厅吃了一顿糟透了的午餐，劣质的汤和牛排，牛排也绝对不是什么牛肉做的。我想那是狗肉。"(11)

---

① E.伯顿·霍姆斯（E. Burton Holmes，1870—1958），美国旅行家、摄影师和电影制作人，创造了"旅行者"一词。
② 康沃尔里维埃拉特快列车（Cornish Riviera Express），从英国伦敦到彭赞斯之间的特快列车服务，始于1904年。
③ 鄂木斯克（Omsk），位于俄罗斯西伯利亚西南部，是鄂木斯克州的首府，全国第八大城市。

俄式土豆沙拉（6 到 8 人份）

俄式土豆沙拉是一道深受欢迎的前菜，在俄罗斯全国的家庭、餐馆、铁路餐车和食堂中都有提供。跨西伯利亚铁路沿线的小贩们也向乘客出售土豆沙拉。"金鹰"号列车上的大厨们制作这道菜肴时使用了烟熏鸭肉，为其增添了一种特殊的风味。

1.1 千克土豆，焯水，去皮，切成 12 毫米见方的丁

1 茶勺盐（烧水时加入）

180 毫升全脂蛋黄酱

180 毫升酸奶油（不含添加成分）

2 汤勺橄榄油

2 汤勺柠檬汁

1 又 1/2 汤勺盐

250 克切丁煮熟的鸡肉、牛肉、火腿或鸭肉，切成 6 毫米到 12 毫米见方的丁

2 个中到大个儿的胡萝卜，去皮煮熟，切成 6 毫米到 12 毫米见方的丁

1 个中等大小的洋葱，切碎

2 个中等大小的腌莳萝，切成 6 毫米见方的丁

135 克煮熟的绿豌豆（冷冻豌豆更佳，稍微煮过，但不要熟到成泥）

2 个完全煮熟的鸡蛋，切碎

将土豆置于大锅中，加入凉水没过土豆，加入 1 茶勺盐，将水煮沸。调至中小火，盖上锅盖，慢煨至土豆变软。在滤盆中滤水放凉。

将蛋黄酱、酸奶油、橄榄油、柠檬汁和盐充分混合，制作酱料。（这时的酱料口感可能过咸，但与土豆及其他食材拌匀之后，咸味就淡化了。）

在一个大碗中轻轻搅拌放凉后的土豆、肉丁、胡萝卜、洋葱和腌菜。加入豌豆和完全煮熟的鸡蛋，再次轻轻搅拌，不要让豌豆碎成泥状。在沙拉食材上倒入酱料，用木勺轻轻拌匀。尽量不要让蔬菜碎掉——它们应该保持原来的形状。盖上盖子，冷藏至少 4 个小时，使风味融合。

相比俄罗斯人，外国旅行者们更倾向于在车站餐厅和餐车中用餐，因为一般外国人手头更活泛。很多俄罗斯人更钟爱自己从家里带食物，或者从站台小贩那里买，因为餐车中食物数量有限，有时质量和准备情况都很差，而且价格比其他的选择更高。

苏格兰旅行作家约翰·福斯特·弗雷泽曾经于1901年在跨西伯利亚铁路上旅行，他提到本地人在站台上做生意，贩卖：

> 滚烫的饺子，内馅是肉末和调味品……新鲜出炉的大块面包、瓶装啤酒、小块优质黄油、桶装牛奶、苹果和葡萄以及五十种其他东西。乘客们在车厢中大嚼摊位上买来的食物，仿佛在野餐一般，直到抵达下一站。在那里一切又重新开始。

在20世纪早期，沙皇尼古拉二世及家人乘坐他们自己装饰优雅的车厢旅行，带有私人餐车和酒吧车。然而第一次世界大战、1917年的布尔什维克革命和随后的俄罗斯内战终结了俄罗斯的奢华铁路旅行时代。从1914年第一次世界大战爆发到1922年内战结束，在这段多事之秋，有超过60%的铁路路网、80%的车厢和90%的机车被毁坏。俄罗斯铁路系统的交通体量直到1928年才恢复到战前水平。[13]

革命结束后，布尔什维克政府没收了俄罗斯境内的比利时Wagons-Lits公司的列车车厢，包括餐车。但在重建受损铁路系统的过程中，新生的苏联政府主要重视铁路的军事与工业用途，降低"布尔乔亚式"乘客服务的水平，包括餐饮服务。然而，在苏联时代，苏共大人物和政府高官拥有的私人车厢比普通旅行者的车厢高级许多。苏联高级官员甚至可以乘坐有着国内一流住宿与餐饮条件的私人列车——这些官员模仿他们沙皇时代的先辈，开今天俄罗斯联邦的重要政府官员风气之先。

《芝加哥每日新闻》的欧洲记者朱尼厄斯·B.伍德曾在1926年搭乘火车穿越西伯利亚，观察到之前养护良好的乘客车厢此时却十分破旧，窗户有裂隙，地毯也有破损。餐车的食物则难以入口：

> 3点30分，一盘汤出现了——油腻的热水倒在冷冰冰的鱼肉上，后者还是之前批量制作出来的。下一道菜是提前做好的花椰菜，以及不知道是什么东西做成的酱料。几周前就烹制完毕的烤小牛肉现在又干又硬，浸在棕色的热卤汁里面，也没有配蔬菜，这就是主菜了。一碟水果结束了这顿潦草的餐食。这顿饭的价格是1.75卢布。饮用水、黄油和餐巾都要额外付费。[14]

在此期间，旅行者们仍旧从站台上的小贩处购买食物。斯文·赫定[①]，一位在 20 世纪 20 年代乘火车穿越中国和俄罗斯的瑞典人，写道：

所有大站的站台上都安排有餐馆。还有些小商店，有些是开放式的，或是覆盖有粗麻布，或是用寥寥几块木板隔开。身穿温暖毛皮服装的农民有男有女，在售卖富含脂肪的瓶装牛奶、奶酪、黄油、新鲜面包、烤鸭、鹅和鹧鸪、鸡蛋，以及其他分门别类的食品和饮料。我车厢中的一些旅客更喜欢这些小商店里的货品，而非餐车中可以买到的东西。[(15)]

在 20 世纪 30 年代，极少数铁路客车车厢的情况比过去要好一些，尤其是苏联国家旅行代理商"国际旅行社"（Intourist）为外国旅游者预留的那些，旅行社要求游客使用苏联相当需要的硬通货付费。一本 1936 年出版、使用英语来吸引美国乘客的 Intourist 手册中陈述道，"所有的跨西伯利亚特快列车都带有餐车"，并且必须在购票时预先支付餐费。取决于购票类型的不同，一日三餐的总价从 2.35 美元到 3.10 美元不等。

1937 年，两位美国女性一同经由"北满"铁路从莫斯科前往北京，这条铁路是跨西伯利亚铁路主线的分支。其中一位给予餐车食物十分正面的描述（与 30 年代其他乘坐苏联列车的旅行者的评价相反）：

吃餐车中的早餐是一场真正的乐事——有着有史以来最好的火腿煎蛋卷、切片面包和水果盘……每顿饭都有"chai"（茶），搭配柠檬……午餐时我们选择了卷心菜汤——非常棒——和一只火鸡，还有洋葱、黄瓜，以及番茄沙拉配酸奶油酱料。另外一顿午餐时，我们吃了炸羊排，也很不错。第一天的晚餐我们点了半只炸鸡，第二晚则是……牛排。这太美味了，所以我们从那以后每晚都要点。[(16)]

另一位美国人在 1935 年经由跨西伯利亚铁路和"北满"铁路从莫斯科前往北京，他在回忆餐车时则用了"惨淡"两字形容，并且回想起在旅途中依靠站台小贩出售的伏特加和苹果来维生。[(17)]

到了 20 世纪中叶，第二次世界大战极大地破坏了大部分苏联民用铁路客运服务系统。敌军轰炸机、入侵军队和破坏者摧毁了铁道和车辆，在战争中一共损失了 50% 的机

---

① 斯文·赫定（Sven Hedin, 1865—1952），瑞典地理学家、地形学家、探险家、摄影家、旅行作家，同时也在自己的作品中绘制插图。

一张苏联海报，宣传开蒸汽机车的社会主义态度和快速完工的工作规范，
德米特里·阿纳托利耶维奇·布拉诺夫绘，1931 年。

车和 40% 的车厢。许多幸存的列车都被用来向西线运送士兵、食物和军事补给，以及将工厂完整地向东转移到西伯利亚的乌拉尔山脉，以免受到攻击。⁽¹⁸⁾ 因为俄罗斯在战争中的食品供应短缺，人们可以推断，即便列车上还存在餐饮服务，情况一定也相当恶劣。

在新西伯利亚附近的西西伯利亚铁路历史博物馆的展品中，有一列第二次世界大战时的俄罗斯医院列车，带有医生办公室、外科手术室（操作间），还有一间厨房（餐车）为车上的伤员制作伙食。厨房有四个牢固的金属大桶，烧煤、用蒸汽加热，焊接在地板上。每个桶大约有 90 厘米宽、1.2 米高，带有沉重的桶盖，就像庞大的高压锅一样，用来制作汤品、炖菜和粥。厨房包括一个小型的准备区域、一个水槽和一个黑色的铸铁大炉灶，很像早期的雅家炉^①。这是一场凄楚的展出，展示了在那场绝望的战争中为伤兵供餐的厨房。

从 1945 年第二次世界大战结束到 1991 年苏联解体，绝大多数苏联列车上的餐车声誉日下。这些餐车用 12 张餐桌或者 12 个卡座招待 48 人（中间一条走道，两旁分别摆放 6 张桌子），车厢的一侧有一间小小的厨房，里面有一位厨师、两位女服务员和一个负责收餐具的勤杂工，后者还要洗盘子。但很少有人选择在餐车中就餐，因为食物通常都很难吃，工作人员又粗鲁无礼，价格对于普通俄罗斯人来说也相对较高。大多数旅行者都自带食物上车，或者从沿途站台上的小贩那里购买食物，就像跨西伯利亚铁路的乘客服务刚开始时旅客们做的那样。

第二次世界大战战后时期的标准餐车菜单多至十页，供应各种各样的菜肴——开胃菜、汤品、主菜、配菜和甜品——然而在这些通常列出的菜肴中，只有两三种是真正在车上点得到的。餐食中一般会有一种不知道具体为何物的肉，被乘客们起了个"神秘的肉"的绰号。伴以土豆或者其他含有淀粉的食物（米饭、意大利面），可能会有一道腌菜沙拉，或者是罐装豌豆。除此以外，餐车工作人员经常做着有利可图（但违法）的副业，在列车停靠的车站向当地人售卖车上的食品补给，于是车上用来供应乘客的食物就更少了。

英国作家埃里克·纽比在一本深受欢迎的旅行书《大红车旅行记》中，记录了他在 1977 年穿越俄罗斯的跨西伯利亚铁路之旅。他在莫斯科上车后不久，厨房里的一个女人就为他的车厢送来了"瓶装奶油、罗宋汤、米饭，以及在某种油腻的肉汤里起伏的和外面天色差不多的肉，她把这些都装在稳当的铝货箱里"⁽¹⁹⁾。纽比从之前的旅行者那里听说俄罗斯列车上的食物价高质低，因此自带了好几盒食物。第一天走进餐车的冒险就证实了他对俄罗斯铁路餐食的预期："尽管（列车员）在列车上的来回叫卖，但食物令人

---

① 雅家炉（AGA），一种可用以烹饪或取暖的保温炉灶。

毫无食欲，厨房也是如此……车上没有啤酒或者伏特加，唯一提供的酒水就是俄罗斯香槟……这似乎是种有着诡异棕褐色的甜点酒。"[20]

虽然苏联在 20 世纪 80 年代晚期经济下行，但其铁路系统却在 1988 年达到了旅客周转量的巅峰，在这一年度运输了约 440 万名旅客。三年后苏联解体，极大地影响了各个经济领域，包括国营的铁路网络。苏联铁路系统支离破碎，成为各个新建国家内单独的路段，这些国家此前还是苏联的组成部分。这使得铁路系统陷入了混乱。贯穿 20 世纪 90 年代始终，由于缺少基建投资经费，俄罗斯铁路系统继续恶化。与此同时，通过引入来自更为盈利的航空领域的补贴，搭乘飞机的乘客票价保持低位。[21]

我自己于 20 世纪 90 年代中期在跨西伯利亚列车上的经历和此前的旅行者们相仿，因为俄罗斯列车上的餐食自距此不远的苏联时代起就没有什么改变。1994 年 1 月，我从符拉迪沃斯托克前往伊尔库茨克，在一个看起来类似 20 世纪 50 年代美国路边小饭馆的餐车中用餐。餐车里装着假的木头镶板、铬质固定装置、荧光灯具，以及两排红色人造革卡座和用塑料贴面的桌子。车厢的最远端是空间狭窄、灯光昏暗的厨房。靠近厨房的一张桌子上摆着几罐用于出售的米勒精酿啤酒和几瓶俄罗斯香槟、意大利白起泡酒、拉斯普京伏特加以及福特嘉年华橙子苏打水。

餐车上没有菜单。在女服务员告诉我炖牛肉是当晚唯一供应的菜肴后不久，她回到我的桌前，带着几片不新鲜的面包和一盘"炖牛肉"：几大块粗糙的肉，淹没在无味、发白的棕色卤汁里面，与之相伴的是一丁点棕色面条、半个头很大的腌番茄、好得超乎我们预料的卷心菜，还有用罐头豌豆装饰的胡萝卜沙拉。所有食客共同使用餐车上的唯一一个玻璃盐罐（没有盖子），以及一个装着半满的特辣辣椒粉的老罐头瓶，用来代替胡椒罐。我在无味的肉上撒了许多辣椒粉。当列车停站时，厨师本人忙着向当地的西伯利亚人叫卖黄油、橙子、巧克力和曲奇饼，这些当地人进到餐车里来购买供应的食物。[22]

因为餐车上的饭菜如此有限（并且乏味），在跨西伯利亚铁路之旅的过程中，我和丈夫总是自带食物：奶酪、面包、白煮蛋、烟熏香肠、鱼罐头以及几包方便面。在每节卧铺车厢的尾部都有一个庞大的烧煤的锅炉，女列车员用它给乘客泡热茶；我们则打开龙头放出热水，在车厢里泡方便面。

我们也从车站的小贩手上买食物。一些车站有官方售货亭，持证出售特定种类的食物，例如酒和日常制品。大多数车站也有个体小贩，他们在家里烹饪好食物，用雪橇或婴儿车推到火车站来叫卖。当我们的列车在某个站台停下的时候，这些小贩会快速打开货物包，即刻在地面上摆出食物，好像一场户外自助餐：饺子形馅饼（пирожки，用肉类、土豆、卷心菜或者蘑菇制作内馅儿的咸口小馅饼）、甜点心和发酵面包、水果罐头、腌黄瓜和番茄、烤土豆、腌蘑菇、鲑鱼鱼子酱、新鲜凝乳奶酪（农民奶酪）、酸奶油、

第二次世界大战时俄罗斯医院列车的厨房一景，目前在新西伯利亚市的西西伯利亚铁路历史博物馆展出。

跨西伯利亚旅游团在符拉迪沃斯托克新修复的 20 世纪早期车站餐馆中用餐，2008 年。

酸菜沙拉、加盐的葵花籽和西伯利亚松子、姜饼饼干（曲奇饼），以及烟熏或者盐渍的鱼类——全部包在报纸里，或者装在从书刊上撕下来的纸张做成的纸筒里。从当地小贩那里购买食物是一种对沿线地区的特产进行抽样调查的好办法。跨西伯利亚列车的常客们知道，从每个车站的哪家售货亭或者哪个个体小贩的手上能买到最好的食物。

俄罗斯铁路上的旅行体验在 21 世纪有了显著改善。在 21 世纪头十年，国际市场原油价格上升，为俄罗斯政府带来了更多财政收入，政府因此开始投资铁路基础建设。铁道和路基得到修缮，一些设备更新换代，新线路也得以修建。许多受损的老车站被清理干净、重新油漆，它们华丽的外表和优雅的、来自第一次世界大战前的内饰重焕光彩。此外还开设了新的车站餐厅、食品店和站台售货亭。2006 年至 2008 年间，我 5 次乘火车从符拉迪沃斯托克到莫斯科，并且发现，比起我在 20 世纪 90 年代中期的第一次旅程，沿线出售的食物在那之后有了怎样的变化。例如新西伯利亚这样的大站，现在有了富丽堂皇的熟食店，出售精心准备的食物，既可以堂食也可以打包。一些更大的车站也有了诱人的餐馆，例如始建于 1911 年的符拉迪沃斯托克车站餐馆，修复得相当美观。

俄罗斯列车上的餐车现在作为私人产业经营，而不像 20 世纪大多数时间中那样完全由政府运作。这意味着，根据铁路路线和运营者的不同，餐饮、服务和价格也有着很大的变化。一些餐车根本不出售烹制食物，只有包装好的食物和饮料。其他餐车供应的烹制食物的质量和价格各自不同。虽然很多餐车都已经更新了装饰风格，但一些 21 世纪的旅行者还是反映，他们用餐的餐车环境和 20 世纪 70 年代一样阴暗肮脏、烟雾缭绕，菜单上的种类依然寥寥无几，工作人员的态度也依然故我。

随着向私人餐饮服务供应商开放特许经营权，进入 21 世纪后，在餐车上用餐的价格大幅上涨。2004 年，旅行者在餐车点 3 道菜加上啤酒或红酒，就能随随便便花掉 10 到 12 美元——这对俄罗斯人来说是一大笔钱，他们当时平均每个月只能赚到 200 美元。2006 年，另一节餐车提供价格固定、由四道菜组成的日常套餐，承惠 24 美元，内含鳟鱼冻开胃菜、卷心菜汤、一碗西伯利亚肉馅饺子，以及作为甜点的冰淇淋。毫不令人惊讶，这是针对外国人和生意人准备的，他们能够承受这个价格。

2012 年，一篇报道将俄罗斯列车上的食物描述为"虽然菜单上的种类有限，但分量还是比较充足的……一般的早餐有火腿和煎蛋，中餐或晚餐有炸肉排和土豆，还有汤和沙拉作为前菜。吧台出售啤酒、俄罗斯香槟、伏特加、巧克力和小吃"[23]。2014 年夏，莫斯科到北京的俄罗斯路段有一份俄英双语的 10 页菜单，其中列出了从前菜到头盘的 13 个不同食物种类，4 道菜套餐的价格从 20 美元到 43 美元不等，不包括饮料，价格依据套餐中包含的菜肴价格而定。然而，发布这份菜单的网站提醒道："请不要期待可以点到菜单上的每一种菜肴，车上不是没有这个就是没有那个，或者只有从菜单上选出的一部分菜肴。"[24]

蒜香奶酪（约 750 毫升 /3 杯份）

这道蒜香风味的奶酪混合物在俄罗斯许多地方都深受欢迎。西伯利亚村庄里的当地人把蒜香奶酪抹在切成厚片的当地新鲜番茄上，用来制作前菜。在"金鹰"号跨西伯利亚列车上，大厨们就把它填充在成熟的红番茄里面，当作列车上夏季餐食的前菜。

225 克中等浓度的白色切达奶酪，切碎

225 克瑞士多孔奶酪，切碎

60 毫升酸奶油（不含添加剂）

60 毫升全脂蛋黄酱

8 到 10 个大蒜瓣，用压蒜器压碎

1/2 茶勺磨碎的辣椒粉或红辣椒粉（可选）

1/4 茶勺盐

新鲜的韭菜，剪碎；或是切碎的春季洋葱头；或是切碎的野蒜叶。用作装饰（可选）

将奶酪置于一个大碗中，用手拌匀。将酸奶油、蛋黄酱、蒜泥、辣椒粉或红辣椒粉和盐在小碗中充分混合。加入奶酪，轻轻搅拌，直到混合均匀。盖上盖子，冷藏至少 4 小时（冷藏过夜更好），以便使风味充分混合。

在上菜前将奶酪恢复至室温。填充在坚硬成熟的小番茄或者樱桃番茄里，用来涂抹黑面包或者烤土豆。如果需要的话，可以用新鲜的细韭菜、春季洋葱头或者野蒜叶来装饰。

一节跨西伯利亚餐车的门廊，副厨与土豆，2006年。

用手推婴儿车将自制食物带到火车站的站台小贩，1994年。

在跨西伯利亚车站的站台上售卖食物的小贩，2009年。

"金鹰"号鸡肉沙拉（8到10人份）

这是"金鹰"号跨西伯利亚特快列车上的大厨提供的菜谱，这道鸡肉沙拉很受餐车食客的欢迎。

100 克白洋葱碎
100 克冷冻绿豌豆
320 毫升蛋黄酱
1 汤勺柠檬汁
900 克无骨、去皮的熟鸡胸肉，切成小丁
150 克削皮、去籽的黄瓜，切成 6 毫米见方的小丁
60 克烤核桃碎
盐
整片莴苣叶，用作装饰
烤开边（whole halves）核桃，用作装饰

将洋葱碎置于沸水中焯 3 分钟。在滤盆中彻底滤干水分，尽可能挤出洋葱中的液体。

将绿豌豆置于大碗中，倒入沸水，静置 3 分钟，然后彻底滤干水分。

将蛋黄酱和柠檬汁搅拌均匀。在一个大碗中混合鸡肉、洋葱、豌豆、黄瓜和核桃碎并拌匀。加入蛋黄酱，轻轻拌匀。尝尝味道，如果需要的话加盐。把拌匀的沙拉放在整片莴苣叶上，作为冷盘端上桌，用烤开边核桃装饰。

在跨西伯利亚铁路上，俄罗斯路段由俄罗斯餐车供应俄式餐食。当列车进入其他国家的路段，比如从蒙古国到中国的支线，就会由来自蒙古国或者中国的另一节餐车取而代之。当列车从蒙古国和中国进入俄罗斯的时候，这样的程序则会逆向重演一次。有很多当代旅行者反映，蒙古国和中国的餐车比俄罗斯餐车要高级。

很多乘客习惯性地在旅途开始时自带食物上车，无论是在家制作的食物还是从店里买来的：奶酪、香肠、火腿、烤鸡、鱼罐头、小咸馅饼、白煮蛋、腌黄瓜、面包、巧克力棒、饼干（曲奇饼）、新鲜水果、瓶装果汁和伏特加。一些大型车站还开设了小店，旅行者可以在其中买到从精美的盒装甜点、新鲜的面包和糕点、汉堡包和烤鸡肉到香肠和奶酪的一切食物。大多数车站，甚至是规模较小的车站，都有至少一两个零售亭，向旅行者出售伏特加、啤酒、香烟和包装好的小吃。

站台小贩的悠久传统也得到了延续。在21世纪初，从北京前往莫斯科的约翰·李是如此描述俄罗斯路段站台上的饮食场景的：

很容易就能找到巧克力、冰淇淋和暗色的俄罗斯啤酒，但最好的食物来自列车进站时出现的一群矮小的俄罗斯老太婆。她们戴着头巾，身着厚厚的羊毛外套，大多数有着红润的面庞、湛蓝的眼睛和强壮、布满疤痕的手。她们中有很多人出售在家中做好的炖菜和煮蔬菜，在赶往车站的途中放在车子引擎盖上保暖。其他人带着灰白的奶酪、卷曲的棕色香肠、熏鱼和包裹在皮革里的黑麦面包，在站台上走来走去。旅途中我最爱的一顿早餐是在鄂木斯克吃到的：一塑料袋热烘烘的土豆，以及裹在黄油和香草里的洋葱。[25]

然而，随着后苏联时代的俄罗斯开始从国外进口更多的食物，很多站台小贩开始减少出售家里制作的地区特产，而是对售卖更加商业化的制成品感兴趣，例如匈牙利香肠、包装好的德国蛋糕和饼干（曲奇饼）、中国糖果和韩国"巧克力馅饼"。

1991年苏联解体后的另一项进步是，外国投资者被允许在俄罗斯境内运营私人承包的列车，从而在车上复兴了革命前的服务水平，并带回了对那时的怀旧之情。现在，四家有着全方位服务餐车的私人承包公司在跨西伯利亚铁路上提供旅行服务。相比普通的俄罗斯铁路公司的列车，这些列车的票价更高，价格不等。以2014年为例，从每人4950美元的二等座（从莫斯科到伊尔库茨克，共计12天），直到每人33995美元的豪华包厢（从莫斯科到符拉迪沃斯托克，共计15天）。票价包含列车上下的所有餐食、大多数饮料，配备专业导游的日间团队下车游览，以及给工作人员的感谢费。

在2006年至2008年间，我五次乘坐由GW旅行有限公司（目前名为"金鹰"号豪华列车有限公司，总部位于英格兰）私人承包的豪华列车穿越俄罗斯，在车上担任《国家地理》组织的远征之旅的讲师。GW 旅行有限公司成立于 1988 年，1992 年开始在俄罗斯的欧洲部分运营私人承包列车，并在 1996 年将这项业务拓展到了跨西伯利亚铁路上。起初，这些列车由一些古老的苏联 / 俄罗斯 VIP 列车组成，包括餐车；这些列车是该公司向俄罗斯联邦政府租赁的。它们曾经是只供顶级政府官员乘坐的高级私人列车，不作寻常列车使用。一部分车厢的历史甚至可以追溯到 1914 年。[26] 这些身处重新装潢的豪华列车上的乘客也许没有意识到，他们在其中喝着香槟、吃着鱼子酱的车厢，曾经被一些 20 世纪非常臭名昭著的俄罗斯政治人物使用过。

2007 年，这家英国公司启动了"金鹰"号跨西伯利亚特快列车业务，这列崭新的列车价值 2500 万美元，来往于莫斯科和符拉迪沃斯托克之间——这是俄罗斯第一列卧铺包厢中有独立洗手间和浴室的私有列车。这列新列车包括两节装饰优雅的餐车，每节可容纳 64 人，还有一节舒适的酒廊车，有钢琴家或者吉他手在其中演奏古典音乐。餐车的桌子还可以在窗边折叠起来，将空间转换为演讲厅或者电影放映室。两节餐车提供的固定套餐是相同的，乘客可以在特定的用餐时间选择在哪一节用餐。

这列"金鹰"号特快列车还包含一节单独的现代化餐车，以及由 21 人组成的餐饮服务团队。在为 75 至 100 位乘客准备所有餐食之外，大厨们每天还要为车上的大约 50 位工作人员制作两餐。"金鹰"号特快列车上的其中一位大厨，是拥有 30 年列车烹饪经验的"五星烹饪大师"，曾经在德国、瑞士和法国的豪华列车上工作过。他说比起西欧的列车，在这列俄罗斯私有列车上工作更加具有挑战性，并且需要更多的技巧："在欧洲列车上，所有东西都是经过预先处理的。你只要打开包装，重新加热就好了。那不是真正的烹饪。在这列列车上，所有东西都是新鲜的。所有的烹饪工作必须从头开始。在这里，从削土豆到摆盘，一切我们都亲力亲为。"[27]

车上的自助早餐包括：火腿、萨拉米香肠和奶酪、鲑鱼鱼子酱、新鲜的当季水果和蔬菜、果汁、冷热谷物麦片、切片面包和果酱、新鲜的咸点和甜点、煮好的鸡蛋、酸奶、克菲尔牛奶酒①、咖啡、茶，俄式粥（由荞麦、小米、大米或者粗粒小麦粉烹制而成），由特沃劳格奶酪（新鲜的凝乳奶酪）做馅儿的俄式松饼（荞麦发酵松饼），配果酱或者酸奶的小厚松饼，褐土豆泥，以及用酸奶装饰的奶酪球（新鲜的凝乳小馅饼）等每日特色餐点。乘客可以从中选择。

午餐和晚餐是由三道菜组成的套餐（有时是四道菜），包括二选一的前菜，有时有汤，两道主菜（其中之一是为素食者准备的），一道或者两道甜点，配葡萄酒、啤酒、

---

① 克菲尔牛奶酒（Kefir），是一种发源于高加索地区的发酵牛奶饮料，味酸、充满碳酸气体、含少量酒精。

"金鹰"号跨西伯利亚特快列车上的餐车之一。

"金鹰"号跨西伯利亚特快列车。

西伯利亚饺子，"金鹰"号跨西伯利亚特快列车餐车上供应的地区特产之一。

"金鹰"号跨西伯利亚特快列车餐车上的伊尔科穆丁·卡莫洛夫大厨。

瓶装水、软饮料、咖啡或者茶。菜单上通常会有传统的俄式前菜、汤品和主菜备选，此外还有俄式伏特加和来自世界各地的葡萄酒。面包和点心都是当天烤制的，乘客们还可以点特殊的蛋糕来庆祝生日、结婚纪念日和旅途中其他值得纪念的日子。除了自助早餐中的菜肴之外，在车上的 12 天时间里，大厨绝不会重复供应任何一道菜。[28] 在旅途结束时，乘客们会拿到一份完整的菜单，其中会列出他们在车上吃过的每一道菜。

在原版跨西伯利亚铁路完工一个世纪后，虽然这段时间内俄罗斯发生了重大的社会、政治和经济变革，然而沿线铁路供餐的许多方面仍然与过去十分相似。一百年前，铁路餐馆和餐车迎合那些有餐费余裕的乘客的喜好，今天仍然如此。过去，餐车的菜单通常会列出比实际能够供应的菜肴更多的品类，今天也仍然如此。一个世纪以前，旅行者们从家里自带食物或者从站台小贩手上购买食物，并且常常与列车上同行的其他乘客分享，他们现在也是这样。有着更高供餐标准的豪华列车业务过去由俄罗斯政府和一家外国公司（比利时 Wagons-Lits 公司）提供，现在则是由俄罗斯的私有公司运营。沙皇尼古拉二世拥有私人豪华车厢，配备有装饰优雅的卧铺；之后，苏联政府和苏共的大人物们拥有特殊的高级车厢和餐车，供他们专用。今时今日，为高级政府官员配备的特殊车厢甚至是专列仍然还在俄罗斯的铁轨上奔驰。法国隽语"事物改变的越多，不变的也越多"完全适用于俄罗斯的铁路，无论是过去，还是现在。

"金鹰"号跨西伯利亚特快列车上供应的五彩缤纷的前菜。

1926 年，堪萨斯州哈钦森市哈维餐馆中，著名的"哈维女郎"穿着整齐，
准备为当地人和圣塔菲"超级酋长"号列车上的乘客们服务。

全体上车：
圣塔菲"超级酋长"号上的经典美式菜单

卡尔·齐默尔曼

在为数众多的著名列车中，"超级酋长"号与 20 世纪特快列车、东方快车等其他顶级列车一同位居最佳之列。"超级酋长"号由爱奇逊、托皮卡与圣塔菲铁路 ① （AT&SF）运营——该公司以"圣塔菲铁路"之名为大众所知——在不到 40 小时的时间里就能够跑完从芝加哥到洛杉矶的 3576 公里全程。这列列车完全由卧铺车厢构成，没有配备硬座车厢，因此票价相对较高。"超级酋长"号也是这条线路上开行的第一列火车，1936年开始运行，1971 年由美国国铁（Amtrak）接手管理。Amtrak 是一个半官方的企业，其建立目的在于运营美国现存的长途客运列车。光彩夺目、时髦高级的"超级酋长"号受到权贵和电影明星的青睐，在开始运营的前 20 年尤为如此。为了保持对高标准旅行体验的追求，"超级酋长"号还主打在美国铁路上制作和供应最优秀的餐食，这些餐食由远近驰名的餐旅服务机构弗雷德·哈维公司（Fred Harvey Company）提供。

在"超级酋长"号的全盛时期，只有另一列流线型火车堪为其对手——20 世纪特快，它穿梭在纽约和芝加哥之间，运行距离短得多，仅有 1547 公里。在《全体上车，美国国铁》一书中，身为美国流线型列车管理官员的作者迈克·谢弗问道："古往今来，最著名、最豪华的美国客运列车是哪一列？你们中半数可能会说是纽约中央铁路的 20世纪特快，另外半数也许会说是圣塔菲铁路上的'超级酋长'号。哪一方正确呢？"他又总结道："毫无疑问，这项争论将永远没有答案。"[1]

甚至在"超级酋长"号开始运营之前，AT&SF 就拥有了舒适客运列车的传统，可以追溯到数十年以前。该公司在芝加哥到洛杉矶之间最初运营的豪华列车名为加州特快，于 1892 年开始运营，在这条线路上往返超过 60 年。弗雷德·哈维公司则早在 1888年就已经开始为 AT&SF 打理餐车。加州特快在对开线路的一侧搭载弗雷德·哈维公司经营的餐车，并在沿途使用该公司的午餐室，作为经停中的供餐点。

---

① 爱奇逊、托皮卡与圣塔菲铁路（Atchison, Topeka and Santa Fe Railway），简称"圣塔菲铁路"或 AT&SF，是美国历史上曾经存在的一家大型一级铁路公司，1859 年特许成立，1996 年停止营运。

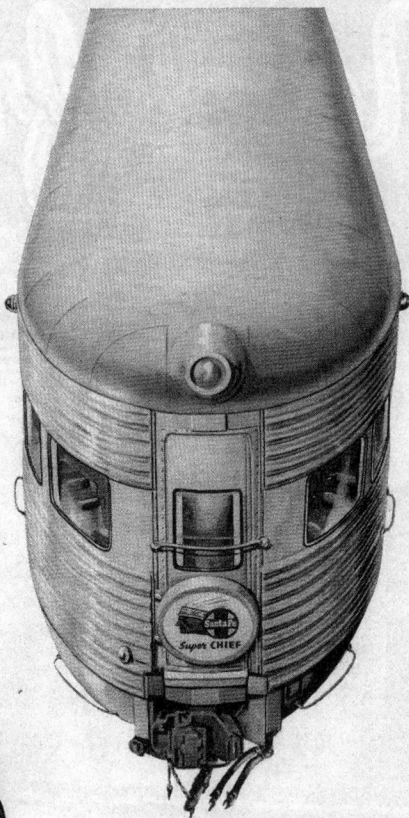

She came in on the
Super Chief

How else would she travel to and from California?
For the Super Chief is one of the most glamorous all-private-room
trains in America, filled with people who know how to travel
and appreciate the best in travel.
It serves those famous Fred Harvey meals.
It operates on a 39¾-hour schedule between Chicago and Los Angeles.
The Super Chief (now in daily service) is the flag-bearer of
Santa Fe's fine fleet of Chicago-California trains.

SANTA FE SYSTEM LINES .. Serving the West and Southwest
T. B. Gallaher, General Passenger Traffic Manager, Chicago 4

20 世纪 40 年代晚期在《国家地理》上刊登的一份广告，突出了"超级酋长"号与好莱坞的灿烂辉煌之间的关系。

午餐室是弗雷德·哈维公司的首要业务，在接下来 90 余年的时间里，该公司继续为 AT&SF 供餐。圣塔菲的乘客们从 1876 年就开始享用"弗雷德·哈维美食"，当时，英国移民弗雷德里克·亨利·哈维接手经营了位于堪萨斯州托皮卡的 AT&SF 仓库中的一家午餐室。一个由 AT&SF 所有、弗雷德·哈维经营的庞大商业帝国就这样平凡无奇地开场，最终业务扩大至涉及餐馆、酒店、度假和餐车。哈维与铁路公司达成一致后，双方的经营期限持续了近一个世纪。铁路公司免费提供场地、煤炭、冰、水，为哈维公司场地内的所有装饰品、食物、其他供给用品和人员提供交通和搬运服务。所有的利润都归哈维公司所有，但铁路公司也从中获得了大量的收益。换言之，其收益即是被弗雷德·哈维公司在餐饮服务方面的良好声誉吸引而来的乘客。

弗雷德·哈维公司最为人所知的雇员是漂亮整洁、高效可敬的"哈维女郎"们，她们在快速扩张的圣塔菲铁路沿线的午餐室和餐厅的桌子旁服务。从报纸上的招聘广告看，这些青年女性总是身穿黑裙，外系白色围裙，有着"良好的品格，迷人而聪明，年龄在 18 岁到 30 岁之间"；她们成了弗雷德·哈维公司的象征。她们的名声部分来自脍炙人口的米高梅彩色电影《哈维女郎》（1946），由朱迪·嘉兰[1]出演。哈维公司将约 5000 名女郎带到了美国所谓的"蛮荒西部"，在那里的哈维餐馆中工作。她们中的大多数后来留在了那里，嫁给了铁道工人和农场工人。"弗雷德·哈维给西部带来了食物……和妻子，"幽默作家威尔·罗杰斯曾说过这么一句后来广为人知的话。[2]

弗雷德·哈维于 1901 年逝世之后，他的儿子拜伦和福特主管公司业务，公司迎来了业务上的极大扩张，包括在大峡谷南缘修建的基础设施，如豪华的埃尔托瓦尔酒店，以及由女建筑师玛丽·库尔特设计建造的无与伦比的石质建筑：霍皮小屋（Hopi House）、观景台、隐士休息区和瞭望塔等等。库尔特是当时美国为数不多的女建筑师之一。此外还有修复后的拉波萨达酒店，酒店配备有餐厅和便餐馆，位于亚利桑那州的温斯洛，"超级酋长"号曾经在此经停（其后继者，Amtrak 旗下的"西南酋长"号现在仍然经停此地）。大峡谷南缘的建筑，是哈维公司和库尔特留存至今的伟大遗产之一。

在此期间，哈维公司还经营 122 节餐车，雇用超过两千名男性职员，包括餐车乘务员、大厨、其他厨师和服务员等等。餐车部门的负责人哈罗德·R. 瑞总揽这个庞大组织的事务。公司从芝加哥和洛杉矶的屠宰加工厂挑选最优质的肉类，一旦盖上"弗雷德·哈维"的戳记，肉牛的躯体就会被悬挂熟成两个星期，然后切块送到餐车上的厨房里。根据季节不同，新鲜的水果蔬菜有时采购自西海岸，有时则来自芝加哥的南水市场。两辆冷冻车每周定期往返于芝加哥和洛杉矶之间，以便铁路两端的始发站都有新鲜食材。

---

[1] 朱迪·嘉兰（Judy Garland，1922—1969），童星出身的美国女演员及歌唱家。1999 年被美国电影学会选为百年来最伟大的女演员第八名。

白兰地菲丽普馅饼（6到8人份）

这道复杂的甜食菜谱，是由芝加哥联合车站的弗雷德·哈维餐馆大厨阿道尔夫·艾森巴赫提供的。弗雷德的儿子福特通过一份协议获得了这个车站的所有特许经营权，其中包括带有汽水贩卖机的杂货店，以及其他八家就餐场所。艾森巴赫大厨的领地是车站里富丽堂皇、如同俱乐部一般的正式餐厅。

1 汤勺无添加风味的吉利丁
240 毫升凉水
4 个鸡蛋，将蛋清与蛋黄分离
分别准备 8 汤勺和 1 汤勺砂糖
1/2 茶勺肉豆蔻粉
120 毫升牛奶，煮沸
60 毫升白兰地
1 个烘烤过的直径 23 厘米左右的馅饼皮
打发奶油，用作装饰
巧克力碎，用作装饰

在凉水中软化吉利丁。将蛋黄在碗里搅散，置于双层蒸锅的上层，加入 8 汤勺砂糖、肉豆蔻粉和牛奶，用小火蒸热，直到混合物的浓稠程度可以在舀起时缓慢地从勺子上流下。从火上移开碗，加入变软后的吉利丁和水，搅拌至溶解。放凉，直到微微变厚，然后加入白兰地。

将蛋清和 1 汤勺砂糖一同搅打，直到变稠。将蛋清和蛋黄混合物逐层混合。倒入烘烤后放凉的馅饼皮内。放凉，直至内馅变得坚固。上菜时加入打发奶油，用巧克力碎进行装饰。（用土豆削皮器削轻微变软的半甜巧克力，以此制作巧克力碎。）

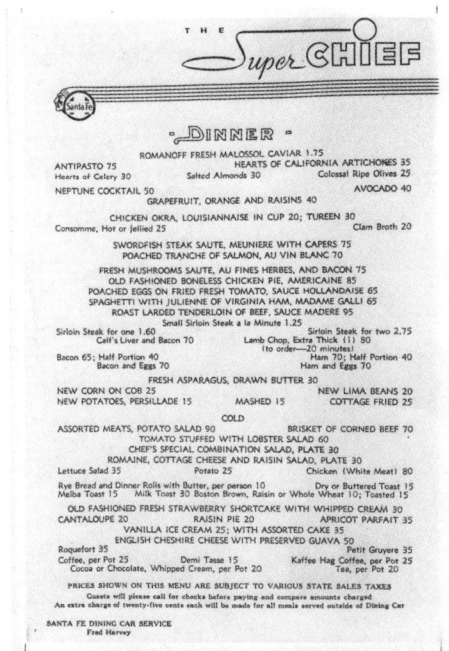

1938 年"超级酋长"号上的菜单，罗曼诺夫马洛索鱼子酱是主打菜。

在圣塔菲"超级酋长"号餐车上，乘务员 E. L. 哈沃兹在为一位乘客的新鲜科罗拉多鳟鱼去骨。请注意明布雷诺 [①] 花纹的瓷器和柳条形状的象形图案。

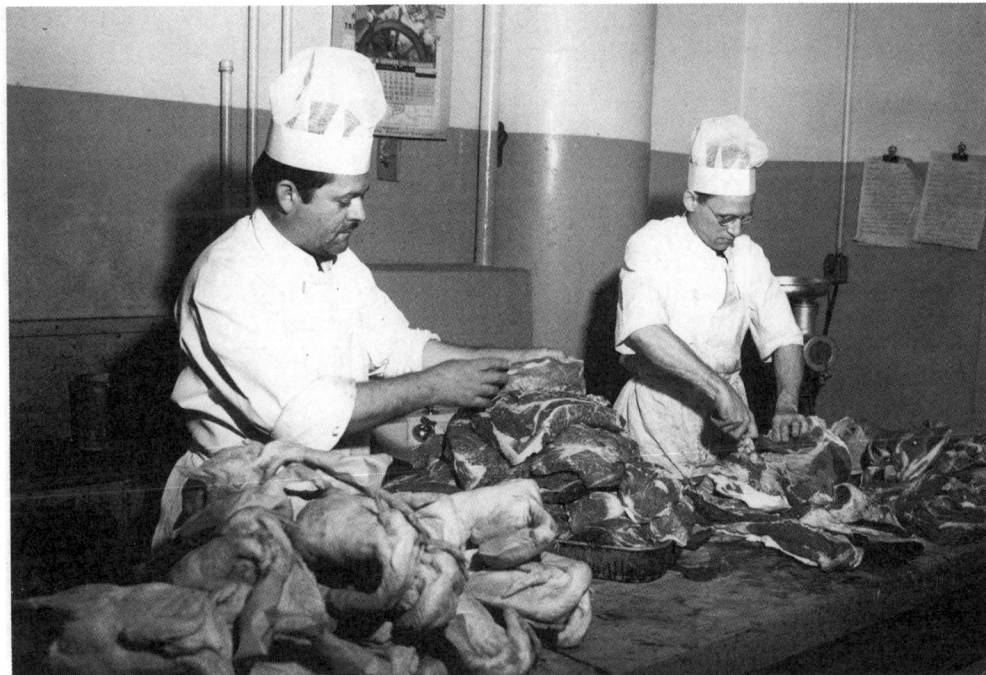

弗雷德·哈维公司的宰肉师傅在供应所切肉。

———————————

① 明布雷诺人（Mimbreño），美洲原住民阿帕奇族中的一支。

1937 年的首列流线型"超级酋长"号及其线条流畅的 E1 级柴油机车。

原版的"超级酋长"号在 1936 年 5 月 15 日首次从洛杉矶向东开往芝加哥。这一天的早餐菜单包括八种不同的水果和蜜饯、小麦饼干碎和燕麦片、八种牛排和肋骨肉（包括西冷牛排和小牛排）、三种土豆类菜肴、火腿和熏肉、用六种方式制作的鸡蛋、八种面包和切片面包（包括"小麦蛋糕配枫糖浆"）、两种咖啡、四种茶、热巧克力和麦乳精。

虽然首列"超级酋长"号富丽堂皇，但 1936 年时它实际上只是一列临时列车，在公司真正需要的列车建造期间代班。这列豪华列车由柴油机车带动，有着标准化的设计，即一种后来被称为重量级的传统风格，与刚刚在北美铁路设计中风靡起来的轻量级或者流线型列车有所不同。一年以后的 1937 年，首列"超级酋长"号很快迎来了后继者——堪称传说的流线型"超级酋长"号。此前及以后，美国都从来没有这样风格雄伟、细节独特的列车，它的设计、构造和运行出自许多才华横溢者前所未有的协作之手。

1937 年版的"超级酋长"号的机车以柴油为动力，线条流畅、前脸扁平，是一家新公司提供的全新型号。这家公司名为易安迪[①]，几十年前曾经是通用汽车旗下的电力发动机部门，后来成为美国首屈一指的柴油机车制造商。易安迪的标志和涂装设计的灵感来自美国原住民，被称作"印第安战帽"，在美国数以千计的玩具火车和模型火车上都可以见到。设计是它变得家喻户晓的原因之一。

这列列车上挂载八节车厢，这些具有装饰风格的现代派车厢按照新申请专利的流程进行制造：不锈钢面板使用无缝技术焊接起来，毫无外部缺陷。斯特林·B. 麦克唐纳是一位来自芝加哥的设计师兼室内装饰师，他主要负责"超级酋长"号的时髦内饰。以美国西南部的印第安艺术作为主要审美，这种风格已经在 AT&SF 的广告设计和室内装饰中获得了颇高的人气。罗杰·W. 博德斯埃是 AT&SF 的广告总经理，同时是一位美国原住民文化方面的专家，也对这列列车的设计做出了贡献。

"超级酋长"号共有七节乘客车厢，每一节的装饰都各自不同，并且被分别赋予了一个美国原住民部落的名字。观景车厢被命名为"纳瓦霍"[②]，以建立在该部落传统编织基础上的室内装潢设计为特色。天花板被漆成了玳瑁色，地毯则选用沙漠色。在车厢窗户之间的窗间壁面板上，挂着纳瓦霍沙画的复制品。名为"阿科马"的是一节自助餐车，车厢中还包括列车工作人员的铺位以及一个理发店；这节车厢有着条纹木的饰面，酒廊区域还有纳瓦霍艺术的复制品。餐车则被称为"科奇蒂"，用巴西花梨木制作墙面。

[①] 易安迪（Electro-Motive Diesel，EMD），美国铁路机车制造厂商之一，成立于 1922 年，其产品销售营业额在全球铁路机车公司中居全球第二。

[②] 纳瓦霍（Navajo），与下文的"阿科马"（Acoma）和"科奇蒂"（Cochiti）均是美国西南部的原住民族。

32 个卧铺包厢中，每个都用不同的纺织品与罕见而有异国情调的木材组合来装饰。

为 AT&SF 和弗雷德·哈维公司的多个项目担任建筑师和设计师达数十年之久的玛丽·库尔特，为"超级酋长"号的餐车创造了一种独一无二的瓷器花纹，一直用在这列列车的餐具上。这种花纹名为"明布雷诺"，来自明布雷诺人的陶器图案，这个民族在千年之前居住于美国西南部。库尔特设计的瓷器一套内含 38 件，每件都带有不一样的象形图案，使得这套特别的瓷器设计更显雅致，同时也具有收藏价值。（这套瓷器的复制品至今仍然有售。）然而，这些盘盘碗碗中所盛的食物——弗雷德·哈维公司大厨们的作品——的重要性却更加显著。

新的流线型"超级酋长"号在 1937 年 5 月 16 日试运行，从洛杉矶驶向芝加哥。这是一次由洛杉矶商会赞助的旅行，专为少数达官贵人开设。晚餐菜单提供的前菜是高级马洛索鱼子酱、新鲜的龙虾鸡尾酒沙拉和新鲜番茄奶油汤，主菜是"酒店经理推荐"烤优质湖水白鲑鱼、快炒切萨皮克湾鲟鱼子配优质香草、烤小牛胸腺配新鲜蘑菇、砂锅炖菲力牛排、烤春季羊肉配薄荷冻，甜品则包括抹茶泡芙、新鲜草莓配奶油以及菠萝芭菲。[3] 另一份早期的"超级酋长"号菜单里列出了带半壳的蓝点牡蛎、诺曼底奶油鱼片、香煎小牛胸腺配法国豌豆和红葡萄酒酱，以及牛里脊肉配蘑菇。

1938 年，"超级酋长"号开始配备第二组铁路车厢，在芝加哥和洛杉矶之间对开，每周两次。第二组车厢与第一组在构造上如出一辙，但内饰更加标准化。这一年的菜单更加令人垂涎，为乘客提供了丰富多样的选择，按顺序包括：马洛索鱼子酱、意式开胃菜、加州洋蓟心、新鲜的牛油果、"路易斯安那秋葵鸡"、旗鱼鱼排、水煮鲑鱼、快炒蘑菇配熏肉、"美式怀旧风无骨鸡肉馅饼"、西冷牛排和羊小排、鲜芦笋配奶油酱、玉米棒、葡萄干馅饼、草莓奶油酥饼配打发奶油。

近十年后，1947 年登上"超级酋长"号的乘客们可以享用两种开胃小菜（"女王橄榄"和小块西瓜）、冷热清炖肉汤、烤鲜鱼、（煎、清炖或者奶油炖）牡蛎、波士顿烤猪肉和豆子配棕面包、精选肉类配土豆沙拉、火腿、烟熏牛舌、三种方式烹制的土豆、三明治（搭配奶酪、火腿或者鸡肉）、精选面包、沙拉、水果、蜜饯和饮料。菜单中还写道，"在餐车中食用外带食物，额外收费 25 美分"。另外，也热心地提及"餐车乘务员乐意为您的任何特殊饮食习惯作出安排"。

到 1951 年，随着更多的车厢投入运营，"超级酋长"号列车每天都在芝加哥和洛杉矶之间运行。无论是在字面意义上还是比喻意义上，这列列车的中心都是欢乐穹顶车厢，它是一节位于列车中部的酒廊车厢，对"超级酋长"号具有独特意义。在 20 世纪 50 年代早期，这条线路上的另一列 AT&SF 旗下列车，即"加州特快"号的菜单上供应的是美国式"舒适食物"，例如早餐是熏肉配炒蛋、乡村煎土豆，午餐是炖牛肉配面条，

The Dining Car.

DINING ROOM

Floor plan

DINING CAR SERVICE
FRED HARVEY

For more than half a century discriminating travelers have recognized Fred Harvey dining car service on the Santa Fe as outstanding in the transportation world. Fred Harvey food has always meant food well chosen, attractively prepared and carefully served. This famous service reaches its finest expression in the beautiful "dining-room-on-wheels" of the new Super Chief, with its carefully chosen personnel, its gleaming silver and glassware, snowy napery and especially designed china.

Breakfast and luncheon are served a la carte; dinner, both a la carte and table d'hote.

The golden west is best typified by its vast citrus groves that stretch for miles along the Santa Fe Route. Aboard the Super Chief passengers delight at the sight of these great orchards as they travel through California.

"超级酋长"号在 1948 年开始每日运营时的手册中的餐车页。这本手册还描绘了豪华程度与之相当的"酋长"号列车。

一篇刊载于《国家地理》杂志上的广告，宣传 1951 年引进的"超级酋长"号的"玳瑁小屋"的独特之处。

晚餐是烤火鸡配调料汁、蔓越莓酱、新鲜豌豆和土豆泥。与此相反，这个年代的"超级酋长"号为乘客提供的选择要阔气得多。"超级酋长"号远近闻名的早餐包括吐司和熏鲱鱼配炒蛋、香煎小牛肝配一片熏肉、法式烤羊排，以及红烧腌牛肉土豆粒配煎蛋。此外，乘客也可以尝试"怀旧风格热面包和蛋糕"：烘蛋糕配枫糖浆和熏肉、燕麦蛋糕配"小猪"香肠、法国吐司配苹果酱或者蔓越莓冻。

说到穹顶车厢的玳瑁小屋，一本 AT&SF 的宣传小册子上承诺，"它可以为九个人提供服务。（这个房间）没有预定用作私人聚会时，所有乘客都可以在其中享受闲暇时光，振作精神"。我第一次亲身体验"超级酋长"号时是这样一个场景：1969 年 8 月的一个傍晚，我和妻子走出洛杉矶联合客运总站，看到一列银色的列车出现在面前，在暮色熹微中闪闪发亮。这就是带有传奇色彩的"超级酋长"号，由多个柴油发动机驱动前行。卧铺包厢和其他车厢的窗户散发出惬意的光芒，为乘客提供了舒适的空间以便休息，是通向家园旅途中的一个（暂时）居所。

我们经过名为"棕榈海滩""印第安女郎"和"皇家庭院"的珀尔曼列车，来到自己的卧铺车厢"棕榈拱门"。行李员等在那里，身穿时髦的深蓝色制服，带领我们走到铺位，放好行李。我们刚刚坐下，就感受到了列车出站时的猛烈拉力，标志着穿过美国西南部和中西部的一天两夜旅程正式开始。即使在"超级酋长"号的服役生涯晚期，乘坐它仍然是一种极佳的旅行方式。唯一的遗憾是失去了原本列车上时尚的卧铺加酒廊观景车厢。它原先是列车上的最末一节车厢，从 1937 年起就是"超级酋长"号的一大特色。它圆润的尾部带有列车与众不同的美国原住民酋长标志。好在宽敞的欢乐穹顶车厢得以保留，让人稍感安慰。

20 世纪 60 年代晚期，大多数其他美国客运列车的情况都混乱不堪，是在铁路公司的坚持下跑完最后一公里。当时，铁路公司更注重高利润的货运业务，使客运业务的质量受到了损坏。然而在 1969 年，"超级酋长"号仍然干净整洁，维护得无可挑剔，并配备了与之前的宏伟规模相等的专业人员和精良设备。我们乘坐的列车在 1958 年重新装潢过，虽然列车在那之后逐渐老化，但仍然处于良好状态。AT&SF 铁路公司凭借其旗舰级的列车仍保留着企业自豪感，甚至严肃地考虑，和其他三家铁路公司一样，不并入国家级 Amtrak 网络，而是继续独立运营"超级酋长"号。

晚上七点出发后不久，我们就安坐在欢乐穹顶车厢的主酒廊里享用起了汽水。这个车厢营造出一个灯光温馨的空间，布置得仿佛一间时髦而又舒适的客厅。乘务员送来了我们的鸡尾酒：它们风格怀旧，是酒保站在宽敞的鸡尾酒吧台里亲手搅拌均匀的，并用樱桃和一片橙子做了恰到好处的装饰。这里没有预先包装好的鸡尾酒。

美式龙虾（1人份）

这份菜谱记录于《著名的弗雷德·哈维菜谱："超级酋长"号烹饪书》中。这道"美食家"之选在经过"超级酋长"号大厨卡洛斯·加蒂尼的改进之后，经常出现在这列列车的"玳瑁小屋"的特别菜单上。

1 只（900 克）龙虾，水煮 10 分钟

45 克黄油，外加 15 克软化过的黄油

芹菜末、胡萝卜碎、韭菜末和葱花各 1 茶勺

1/2 个蒜瓣，切碎

2 汤勺白兰地

2 汤勺面粉

60 毫升骨汤（或肉汤）

2 茶勺白葡萄酒

2 个番茄，剥皮切丁

少量盐、胡椒和辣椒

剥去龙虾外壳，取出肉，切成 2.5 厘米厚的片。将 3 茶勺黄油融化，加入芹菜末、胡萝卜碎、韭菜末和葱花，轻轻炒几分钟，不要让食材变成棕色。然后加入龙虾肉和蒜泥，继续炒 5 分钟。再加入白兰地，让其燃烧起来，并拌入面粉，加入肉汤，直至料汁变滑变厚。最后加入白葡萄酒和番茄丁，用盐、胡椒和辣椒调味，尝尝味道是否合适，继续慢炖 10 分钟。在混合后的龙虾中加入 1 茶勺软化后的黄油，立刻上菜。

"超级酋长"号和它的欢乐穹顶车厢。列车正准备驶出洛杉矶联合客运总站，全速向东开往芝加哥。

西去的"超级酋长"号，正准备离开芝加哥德尔堡车站驶向洛杉矶，20 世纪 40 年代。

一节 AT&SF 的餐车在洛杉矶联合客运总站补给货品，为向东的行程做准备。

"超级酋长"号上私密的玳瑁小屋，1957 年改装过，特色是屋内玳瑁色配银色的金属浮雕，使用亚麻布和银器，以及带有明布雷诺花纹的瓷器。

之后我们转向晚餐。出乎意料的是餐车已经满座，所以乘务员将我们引向位于穹顶车厢一侧的玳瑁小屋，距离餐车不远。小屋富有亲密气氛，我们就座于一张两人餐桌旁，两侧的木质面板上装饰着摆在浅盒里的银边玳瑁浮雕。餐桌上盖着挺括的白色亚麻桌布，桌面上摆放着"超级酋长"号高品质的明布雷诺碗盘、酒店级的刀叉餐具，以及插着香花的花瓶。服务员动作麻利、殷勤细心。从一位服务员晃动着悦耳的铃声走遍车厢，示意乘客享用晚餐的时候开始，直到另一位服务员将带凹槽的洗手小碗送到桌边，我们一直陶醉在如此伟大的铁路用餐传统之中。

我们两人都点了"超级酋长"号香槟晚餐，菜单印在一张配有丝带的特殊金色菜单卡片上，套在装饰着玳瑁墙浮雕花样的封套里。卡片上将香槟晚餐描述为"这列顶级列车上的独享之物，预备了最上等的精致餐饮，特色在于以高级香槟佐餐"。前菜是一道虾仁鸡尾酒沙拉，接下来提供了几种主菜供选择：一道450克的纽约前腰西冷牛排，"为牛排老饕而准备，为您的口福进行了精心熟成，根据您的喜好在炭火上烤制"；配菜可以是"金色的法国洋葱圈或者新鲜蘑菇"、菲力牛排配法式蛋黄酱、野生鳟鱼。食客还可以选择多种多样的土豆类配菜，如褐土豆泥、乡村土豆、炸薯条或者是裹有面包屑的焗土豆，一旁配油拌沙拉、烤蒜香卷或是奶酪球。每份晚餐都伴以几杯加州香槟。最后的甜品包括多种多样的糕点、圣代、当季水果或者奶酪，然后是咖啡和餐后薄荷糖。最开始在车上供应时，"超级酋长"号香槟晚餐价值6.50美元，到了6年以后的1969年，餐费涨到了7.90美元。

晚餐过后，我们在欢乐穹顶车厢的上层发现了一对空着的转椅。这些华丽而舒适的椅子可以旋转，让我们得以饱览任何一个方向的景色，这是在其他穹顶车厢上都没有的消遣。值得一看的景色不少，即便晚上也是如此。我们安坐在车厢里，手里拿着饮料，看着列车蜿蜒攀上卡洪山口，到达海拔超过1200米的加州之巅。

接下来的早晨，我们悠闲自在地待在卧铺包厢，喝着"唤醒"咖啡——这是"超级酋长"号上的另一项消遣之物，由我们的行李员送到包厢中来。然后我们前往餐车享用早餐，品尝"超级酋长"号上著名的法式吐司。根据《铁道餐饮》杂志的詹姆斯·D.波特菲尔德所说，"这种远近闻名的特别菜品也许是最美味可口的法式吐司。它是由弗雷德·哈维公司的大厨们在1918年为AT&SF铁路公司的餐车而改进的，是一种蓬松、泛着金棕色的佳肴"。我们现在明白了这种美味中的秘密：要先在平底锅中煎过，再于热烤箱中烘制。虽然法式吐司是许多铁路上的特色早餐，但这种烘焙技巧明显原本是圣塔菲餐车独家拥有的。我们在"超级酋长"号上享用的这种可口的法式吐司浇上了枫糖浆，淋上了砂糖粉，搭配熏肉一起上桌，一直在铁路旅行者中拥有极高的人气。

一张描绘玳瑁小屋的明信片，20世纪60年代。反面写着"将香槟一饮而尽——这是开启圣塔菲'超级酋长'号上华丽大餐的绝好方式"，此外还写着"送上'超级酋长'号的致意"，也就是说，作为一种公关策略，铁路公司将付清明信片的邮资。

斯皮诺大厨在"超级酋长"号的厨房里片火鸡。
火鸡是这列列车在感恩节时菜单上的重头戏，
也是一道弗雷德·哈维公司的名菜。

含著名的圣塔菲法式吐司的优雅早餐，这幅场景
也许发生在 1960 年前后的"船长"号流线型客
车上。纸质餐垫取代了亚麻桌布，客车所属铁路
公司的罂粟花图案瓷器取代了明布雷诺餐具，但
奶油罐和糖浆罐仍有 AT&SF 的标志性花纹。

当西行的"超级酋长"号在南科罗拉多州的群山中爬升到拉顿山口时，坐在欢乐穹顶车厢上层转
椅上的乘客能够将景色一览无遗。

圣塔菲法式吐司（1至2人份）

因为有许多人询问 AT&SF 铁路公司这道最著名早餐的菜谱，所以最终它被刊登在了一张小小的传单上，发放给列车上任何有需要的乘客。最后在烤箱烘烤的步骤，让它和其他法式吐司菜谱有所不同，而且让吐司变得松软并没有看起来那么简单。

120 毫升食用油
2 片白面包，切成 1.5 厘米厚
2 个鸡蛋
120 毫升稀奶油（淡奶油）
少许盐（可选）
糖霜（糖粉），用作装饰

用铸铁煎锅（平底锅）加热食用油，直至滚烫。同时，将每片面包对角切开，成为四片三角形面包片。

在小碗中混合鸡蛋、奶油和盐，充分搅匀。把面包完全浸没在蛋液中。用热油煎浸泡后的面包片，每面煎大约 2 分钟，直至两面都变成金棕色，然后用纸巾吸干吐司上多余的油分。将吐司转移到烤架上，放置在预热到 200℃ 的烤箱中，烘烤 4 到 6 分钟，直到面包片变得蓬松。淋上糖霜后上菜。

描绘 20 世纪 40 年代西行的"超级酋长"号的明信片。列车正抵达阿尔贝克基综合车站，车站内设有仓库和弗雷德·哈维公司的阿尔瓦拉多酒店。

向东开行的"西南酋长"号，新墨西哥州莱美，2015 年。

中午，列车在新墨西哥州的阿尔贝克基短暂停留，让我们能够购买西南部地区印第安人的工艺品，这些艺术品诱人地排列在站台上。这个站台市场原本是印第安人房屋的遗迹，隶属于综合车站中弗雷德·哈维公司旗下的阿尔瓦拉多酒店。原住民在这里展示他们的手工艺品，并出售各种货物。第二天下午，我们抵达芝加哥，结束了也许是我们所体验过的最好的铁路旅程。[5]

多年以后，我有机会与曾经在圣塔菲铁路上担任厨师的切特·里德曼聊天。1938年，从伊利诺伊州的高中毕业后不久，他就开始在铁路上工作了。在弗雷德·哈维公司经营的铁路物资供应所中培训三周后，他已经为列车上的工作做好了准备。"食物是顶级的，"里德曼告诉我，他回忆起在"超级酋长"号上的厨师生涯，"比其他所有公司都好。在忙碌的夏季，弗雷德·哈维公司甚至从奥地利的滑雪胜地和法国招募厨师——招募伟大杰出的厨师。"

里德曼也回忆了完成培训之后的故事：

我在中午登上了分配到的列车，开始准备工作。除了酱汁，其他所有东西我们都是自己从头开始准备的。过了一会儿，我感觉到了来物资供应所接我们的调车机车的车钩的动静，然后我们挂上了一列列车。但我连去向哪里都不知道。身为新人，我一句话也没有说，只是忙着干活。最后我问了另一位厨师，他告诉我，我们是在前往加尔维斯敦的得克萨斯"游骑兵"号上。

在这列二级列车上度过三个星期之后，里德曼被调到了"超级酋长"号上——这是对他工作技能的极大肯定。他在两节一级餐车上工作，分别是原来的"科奇蒂"车厢和"阿瓦托比"车厢。后者在"超级酋长"号变为一周两次发车时加挂在了列车上。

"厨房里有四位厨师，"里德曼告诉我，"另外还有六个服务员和一个乘务员。厨师团队包括大厨、一厨、二厨和三厨。"虽然当时的惯例是在餐车上安排48个座位，但"超级酋长"号的餐车上却只有36个用餐座位，在过道的两侧摆放两人桌和四人桌。（与此形成对比的是，现在"西南酋长"号上的超级餐车上拥有72个座位，高峰期的工作人员也只有一个领班、两个服务员、一个大厨和一个助手。）

"我一开始做的是三厨，负责制作酱汁、烹饪蔬菜和洗碗，"里德曼说，"晚餐过后，我就会制作第二天早晨做面包所需的面团，并把面团分成小块。我在晚上11点下班，凌晨4点回到厨房，烤丹麦式酥皮点心和松饼等。"里德曼接着说：

每个厨师都有特定职责，服务员也是如此。服务员在制服上佩戴小小的圆纽扣，用来区分他们负责的区域：1 号服务员是配餐员，负责沙拉、无酒精饮料、冰淇淋、面包卷、黄油、奶油；2 号服务员每天晚上擦洗所有的银餐具；3 号服务员负责铺桌布；等等。

我们非常注重细节。上菜之前要先将沙拉盘在储藏室里降温，然后在厨房里加热晚餐的碗盘。公司的调查员会突然到列车上来检查，但在他来之前我们总会提前得到消息。

"'超级酋长'号上的乘务员明显都是酒店级水平，"里德曼总结道，"哈维公司对服务的要求很严格。其他铁路公司的乘务员只是为乘客找到位置，或者调换座位。AT&SF 的乘务员要监督所有向物资供应下的订单。他们在晚餐时穿燕尾服，其他铁路公司的乘务员只穿普通西服。"

在 20 世纪 50 年代到 60 年代之间，AT&SF 铁路公司向乘客发放了一本有吸引力的 22 页小册子，名为《著名的弗雷德·哈维菜谱："超级酋长"号烹饪书》。封面上是玳瑁小屋的素描画。前言中写道："小册子中的大多数菜谱在多年时间内受到追捧。所有菜谱都经过了家庭经济学家们的消费测试。"这些菜谱中有许多是弗雷德·哈维公司车站餐厅或者酒店供应过的菜肴，其他的则曾经出现在餐车菜单上。

在 1969 年乘坐"超级酋长"号之后，我于 1985 年再次踏上了这趟从洛杉矶到芝加哥的旅途，乘坐的是其后继者——"西南酋长"号。这时距离 Amtrak 收购美国几乎所有的长途客运列车已过去了十五年。1971 年，AT&SF 铁路公司在经过长期深思熟虑后，决定加入 Amtrak，并且从为数不多的现有客运列车中抽出三列，使其成为 Amtrak 国家铁路网络的一部分，这其中就包括"超级酋长"号。AT&SF 曾经考虑过不加入 Amtrak，其原因在于该公司在 1968 年终结了许多其他客运列车的业务，包括富有历史意义和饱受尊敬的"酋长"号，这使得大量铁路旅行者颇为不快。"酋长"号早在 1926 年就奔驰在芝加哥至洛杉矶间的线路上。AT&SF 的公司总裁约翰·里德虽然负责推进这些重大变革，但他相当尊重留在该公司的这三列旗舰级列车，并且在最终将它们移交给 Amtrak 之前有过认真思索。

"Amtrak 倾尽全部努力和所有资金，"弗雷德·弗雷利在他的《伟大列车的暮光》中写道，"但并没有让乘客感受到它比 AT&SF 更具吸引力，甚至在 AT&SF 的员工认识到其时日将尽、气数无多后也是如此。"[7] Amtrak 继承的三列 AT&SF 列车始终保持着高水准，所以 Amtrak 买下了它们的车厢，并且首要之事是让列车的构造在最初保持完整。

"超级酋长"号服役生涯晚期的饮料单封面。其中列出的葡萄酒和香槟都正产自加州。

安达卢西亚酿西葫芦（6 人份）

根据《著名的弗雷德·哈维菜谱："超级酋长"号烹饪书》，所有 AT&SF 公司的列车和弗雷德·哈维的餐馆的菜单都"致力于满足不同的口味和预算"。想必这道主菜是为了节俭的旅行者而设计的。

6 个完整的小西葫芦
75 克番茄，切碎
75 克煮牛肉，切碎
40 克煮火腿，切碎
3 汤勺蘑菇丁
3 汤勺青椒丁
2 汤勺洋葱碎
半个大蒜瓣，切碎
80 克软面包屑，轻轻捏成团状
2 茶勺肉汤（骨汤）备用
少许盐和胡椒

在不加盐的水中，将西葫芦煮 5 分钟，然后放凉，纵向对半切开，轻轻取出瓜肉。将瓜肉和其他调料混合，将调好的馅儿放回挖空了的西葫芦内，在烤箱内用中火（180℃）烤 30 分钟。

在一段时间内，不仅列车的名字"超级酋长"号得以保存，车上的菜单也一如既往。1972 年夏天，这本引人注目的超大号菜单上甚至还绘有"超级酋长"号的银色浮雕图像，带着著名的"印第安战帽"标记。但车上再也没有了我曾经在 1969 年享用过的"超级酋长"号香槟晚餐。1972 年的"超级酋长"号全餐里仍然有起泡酒，提供的食物包括：用大盘子盛放的滋滋作响的炭烤西冷牛排，配法式炸洋葱圈和烤番茄；炭烤湖水鳟鱼配杏仁；梅尔坎尔鸡胸肉；菲力牛排配法式蛋黄酱；烤肋眼牛排；格兰特将军式怀旧风烤法式羊排。

然而列车的水准在 1974 年急剧下降，以至于 AT&SF 总裁要求 Amtrak 停止使用列车的名号。因此，这列 Amtrak 旗下的列车改名为"西南特快"号。1985 年，Amtrak 通过引进特殊菜单、盛惠时段和原住民导游，对列车的软实力进行了升级，并在 AT&SF 的允许下将列车重新命名为留存至今的"西南酋长"号。

在今天穿梭于洛杉矶和芝加哥之间的"西南酋长"号身上，仍然可以看到其前身"超级酋长"号的痕迹。根据 2017 年的菜单（几乎和所有 Amtrak 长途列车上的菜单一模一样），特色是"Amtrak 标志的牛排：经过美国农业部认证的黑安格鲁牛肩牛排，有着美丽的大理石纹路，现点现烤，配波特蘑菇酱"，以及"当天捕获的海鲜：虾蟹烤薄饼配冷冻蛋黄酱"。只不过牛排的滋味没有菜单上写得那么好，标价也要 24.75 美元，虾蟹烤薄饼则是 22.75 美元。自 1986 年起，餐费就包括在基本的卧铺车费里，这些车厢的乘客是餐车的主要消费者。大多数硬座车厢乘客光顾的是咖啡吧车厢，那里只供应三明治、小吃和饮料，不过他们也可以在价格较贵的餐车有空座的时候前去就餐。

餐桌上早就没有了瓷器、银器和鲜花的踪影，最近甚至不摆放任何花朵了。虽然现在你会看到一次性的厚塑料盘子以及偶尔出现的咖啡纸杯，不过餐巾还是布料的，刀叉也是不锈钢的，而不是塑料制品。但是大多数食物都是烤制的，或者是在车上利用预先准备好的食材制作完成的。早餐仍然是餐车的主要产品，有新鲜出锅的炒蛋供乘客点餐。甚至"铁路法式吐司"也值得品尝，虽然其美味程度已经远远不能和圣塔菲铁路上蓬松可口的原版吐司相提并论。现在，与这种吐司搭配的是"早餐糖浆"，而不是真正的枫糖浆。

我首次乘坐 Amtrak 的"西南酋长"号已经是 30 年以前的事了，但我在 1985 年至 2005 年间又九次登上这列列车。在这些旅行中，列车的构造都没有发生变化，仍然是双层的大型列车，由卧铺车厢、一节餐车、一节带天窗和宽敞车窗的观景车厢，以及只有座位的标准硬座车厢组成。每次在餐车中享用的晚餐水平参差不齐，从极好到勉强可以接受，再到难以言表的糟糕。这些服务质量的变化，反映出了 Amtrak 体系内长途列车餐饮水平的起起伏伏。最低点出现在 1981 年 6 月份该公司的四列主力长途列车上。桌布不见了，鲜花、瓷器，甚至是不锈钢餐具也一同消失了。半数服务员和大多数厨师被辞退。车上剩下的只有光秃秃的餐桌，上面摆放着小小的塑料托盘，以及用微波炉加热的半成品餐食。

一段时间过后，这种情况得到了改善，桌上一度重新出现了鲜花，然而这些花朵不再为餐桌增添优雅的气氛。虽然今天的 Amtrak 再次受政治因素影响，面临预算的削减，用餐者的体验也不能称作完美，但至少比 35 年前舒适。

所以，除了它的路线以及还在运营的继任者"西南酋长"号以外，传奇性的"超级酋长"号给我们留下了什么呢？被 Amtrak 收购之前的一些"超级酋长"号车厢还在我们身边，其中有的被用在私营包车服务和短途运营服务中。从历史意义上来说，最引人注目的可能是 1937 年列车上的酒廊车厢"阿科玛"。在耗时近二十年的修复之后，这节车厢现在成为一颗明珠，和 1937 年时一样富丽堂皇。大多数家具都是原来的，装饰也呈现出西南部印第安风格。它完全适合于在 Amtrak 的列车上运营，并且的确被频繁地使用，有时还会和 1951 年为"超级酋长"号建造的卧铺"棕榈叶"车厢搭配出场。1937 年列车上的卧铺车厢兼观景酒廊"纳瓦霍"，现在在科罗拉多铁路博物馆进行户外展示。欢乐穿顶车厢"圣塔菲广场"被修复得美轮美奂，修复中还原了许多它原有的设施，包括穿顶的转椅。现在的玳瑁小屋看起来和 1950 年时非常相似，依然在供应各色美味佳肴。和"阿科玛"差不多，"圣塔菲广场"也被 Amtrak 批准用于包车和短途运营。这些有历史意义的 AT&SF 铁路公司的车厢，是从美国豪华铁路旅行和铁路餐饮鼎盛时期保存下来的，为数已经不多。它们充满怀旧气息，让我们回想起那个过去的时代，那时，乘坐这些顶级列车旅行非常浪漫，食客们还会为了晚餐身着盛装……

红鲑鱼和萨斯卡通^①浆果馅饼：
加拿大长途旅行中的风味食品

朱迪·克洛瑟

    1961 年时，我还只有九岁，父母将我和弟弟送上火车，从艾伯塔省^②的埃德森小镇出发，经由铁路向西旅行大约 950 公里，前往加拿大不列颠哥伦比亚省^③的奇利瓦克和我们的奶奶度过一段夏日时光。我们一家人曾经多次乘火车拜访亲戚，但这是我和弟弟第一次单独旅行。

    弟弟当时八岁，在开往落基山脉的贾斯珀小镇的三四个小时里，他大部分时间都在哭，但后来打起了精神。在列车上，我们有太多值得一看和可以做的事情。检票员将我们交给一位行李员照顾，这位好心人将我们带到了餐车，在那里我们可以向柜台里的人买饮料或者薯片。行李员还把我们带到了用玻璃制成顶部的"穹顶"观景车厢。接下来，一件非常特别的事情发生了——在车厢连接处有块像门厅一样的空间，一侧嵌着一个上下两分的荷兰门，上半部分是玻璃窗，下半部分是金属——行李员打开玻璃窗，并且在地板上放了一个小凳子，于是我们可以踩上去，肩并肩地从窗口探出脑袋张望。火车沿着铁轨发出哐当哐当的声音，展开一幅阳光在白雪覆盖的群山间闪烁的辉煌景象。我们大口呼吸着艾伯塔省的新鲜松树和杉树林的芬芳，第二天又迎来了不列颠哥伦比亚省的雪松和道格拉斯冷杉的香味。风儿拂过我们的发间，我和弟弟正处在人生中最壮阔的冒险之中。

    晚上，我们安睡在舒适的铺位中，床上有雪白平滑的棉质床单和让人痒痒的羊毛毯子，墙上挂着帆布储物柜，我在里面放了鞋子、钱包、眼镜和崭新的天美时手表。夜间旅行结束时，奶奶正在她 1951 年的大型别克车里等着我们，答应午饭要给我们吃热狗和奶酪通心粉，我们则心怀甜蜜的梦想，期待她带我们去铁道边的糖果铺子。

    这是我们人生中的一段恬静时光。这就是加拿大的火车旅行。每年八月下旬，奶奶

---

① 萨斯卡通（Saskatoon），一个位于加拿大萨斯喀彻温省中南部的城市。
② 艾伯塔省（Alberta），一个位于加拿大西部的省份。
③ 不列颠哥伦比亚省（British Columbia），位于加拿大最西部的省。

加拿大太平洋铁路公司的货运列车，穿过位于加拿大萨斯喀彻温省威尔基的平原，2015 年。

都会挑选好蓝莓，装在一个扁扁的大木箱里，标上我们在埃德森的地址，送上下午出发的列车，第二天派送时正好能让我妈妈拿来烤爸爸最爱的生日馅饼。每年六月，奶奶还会托火车寄来草莓。几十年前，六七十年代的加拿大人经常乘坐火车四处旅行、托运货物。在漫长的跨大陆线路——南线的加拿大太平洋铁路和远在北方的加拿大国家铁路——之外，在加拿大的广袤土地上还有许多支线铁路，一直蔓延到某些人可能会说的"无人之地"中去。如果某人想在一个特定的地点下车，甚至是安大略省①北部或者不列颠哥伦比亚省最荒凉的灌木丛中，检票员都会向司机发出信号，然后列车便会在所谓的"招呼站"停车。

加拿大的第一条跨大陆铁路线始建于 1886 年 6 月 28 日。在首列列车"太平洋特快"号离开魁北克省蒙特利尔的温莎车站时，一小群人为它欢呼雀跃。这列列车开往位于不列颠哥伦比亚省的太平洋海岸上新修建的穆蒂港总站，在六天后的 7 月 4 日抵达终点，得到了一支铜管乐队的热烈欢迎。加拿大的首任总理约翰·A.麦克唐纳实现了他在 21 年前许下的一项承诺，即在这个年轻的国家修建一条交通纽带，通过铁轨将东西部连接起来。

在麦克唐纳许下诺言的二十年中，这个大型铁路项目的融资和建设经历了一段漫长的困难时期。但是，加拿大太平洋铁路最终在 1885 年 11 月 7 日完工，最后一根铁钉钉进了位于不列颠哥伦比亚省克莱拉奇并邻近塞尔扣克山脉②顶峰的铁轨中。在公司美国总裁的指导下，项目工程同时在 3 个地区内进行，总共耗费四年时间完工，比预计工期提前六年建成。加拿大太平洋铁路横贯于蒙特利尔和太平洋海岸之间，长 4655 公里，是当时世界上最长的铁路。考虑到加拿大较少的人口以及该铁路所经过的崎岖地形，这项成就更加令人印象深刻。算上这条铁路连接起来的地区线路，该公司在 1886 年拥有的铁路总长度为 7091 公里。

加拿大太平洋铁路改变了这个国家的自然环境与未来前途。加拿大在 1867 年才成为联邦国家，而不列颠哥伦比亚省在 1871 年加入联邦。铁路的西段多山，建设起来尤为艰巨，是在作为廉价劳工被带到加拿大的成千上万工人的背上修筑起来的，其中包括约一万名中国人。他们在艰苦的条件下劳动，每天只能获得一美元薪酬，半数人在工程结束后返回了中国。剩下的约五千人几乎一无所有，无力返回故乡，于是留在加拿大，并且通过在加拿大西部小镇开餐馆，引入了鸡肉炒面、糖醋小排、芙蓉蛋等加拿大化的"中餐"，从而改变了这个国家的移民饮食结构。另外还有四千名从美国加州的金矿来的四千名华人劳工，以及来自爱尔兰、英国、俄罗斯、波兰、意大利和其他欧洲国家的工人。他们都是被工作机会和在新国家展开新生活的愿景吸引到加拿大的。

---

① 安大略省（Ontario），位于加拿大的东部，是该国人口最多的省份，首都渥太华也位于该省。
② 塞尔扣克山脉（Selkirk Range），一条北美洲的山脉，纵向贯穿加拿大的不列颠哥伦比亚省和美国的爱达荷州和华盛顿州，属于哥伦比亚山脉的一部分。

加冕酱汁（可制作约 375 毫升）

这是加拿大太平洋铁路公司在 1937 年创造的一道菜谱，以庆祝英国国王乔治六世在当年 5 月 12 日加冕。两年后，乔治国王和他的伴侣伊丽莎白王后乘坐火车在加拿大境内进行了为期 22 天的旅行，我 90 岁的老母亲还记得这次旅行。她和姐妹们都为此得到了新衣服，并且离开家庭农场，来到艾伯塔省的埃德蒙顿，在金斯韦的露天座位里向经过的王室夫妇挥手。

80 毫升白葡萄酒醋
半个柠檬所榨出的汁
1 汤勺蜂蜜
1 汤勺红醋栗果冻
1 汤勺番茄酱
2 汤勺伍斯特辣酱油
1/2 茶勺盐
1/2 茶勺辣椒粉
少许塔巴斯科辣椒酱，用来调味
240 毫升橄榄油

将除了橄榄油之外的所有食材混合，接下来缓缓加入橄榄油，不断搅拌以使液体乳化，然后盖上盖子冷藏。用作蔬菜沙拉的酱料。

　　和现在一样，在铁路旅行的最早时期，坐火车经常意味着要提前打包好午餐。取决于乘客各自的族群背景，加拿大的午餐食物包括三明治、白煮蛋、俄式或者乌克兰式饺子形馅饼、面包配黄油、腌菜和萝卜、葡萄干蛋糕和燕麦曲奇饼、黄油挞、泡打粉饼干配果酱、奶酪和苏打饼干、一两个苹果、风干的李子等等。当年还有番茄片和奶酪片等包装食品。可能在上车后的第一天还可以吃炸鸡和凉拌卷心菜，趁它们还没有变坏。但也有其他的用餐选择。

　　1867 年，一条更早建造的加拿大铁路，即加拿大大西部铁路（一条安大略省的地区性铁路），成为世界上第一条购买乔治·珀尔曼的新式美国发明——旅馆式车厢——的铁路。单一用途的餐车要等到数年之后，才能广泛地应用在加拿大的各条铁路上。但是，虽然旅馆式车厢是一项突破性的创新，它却是在 1867 年至 1879 年间才开始生产的，而当时餐车已经初露头角，准备取而代之。第一节旅馆式车厢名为"总统号"，装载了"133 种食物、一个安在地板下的酒柜、1000 张餐巾、150 张桌布，以及瓷器、玻璃器皿和 4 到 7 天旅程中所需要的各种餐具。上菜的时候，会在座位区摆上桌子，而行李员将变成服务员"[1]。这种旅馆式车厢一侧的一些座位还可以变成卧铺铺位，车厢的另一侧则是一个带储藏室的小厨房。

　　过去，旅客只能趁着列车停站给发动机添煤加水的时候，匆匆忙忙地到轨道边的车站餐厅潦草吃几口，如今他们在旅馆式车厢得到的体验有了明显的改善。1870 年，一位乘客称赞道："在列车以近乎每小时 30 英里的速度前进时享用一日三餐，这种感觉既新奇又舒适。"他又略欠宽容地补充说："另外，一想到其他车厢的乘客在抵达可以休息的车站时，必须冲下车、急匆匆地吞咽一份糟糕的餐食，就让人更加兴奋了。"[2]

　　为了在车上复制"酒店般"的感受，另一节旅馆式车厢准备了一份豪华菜单，其中包括生牡蛎、煎牡蛎或者烤牡蛎，腌火腿，压制粗盐腌牛肉或腌沙丁鱼，鸡肉或者龙虾沙拉、烤牛排、烤羊排或者烤火腿配土豆，炒蛋、煎蛋或者煎蛋卷（如果你想要用朗姆酒来配煎蛋卷，则需要额外收费），用餐结束时的法式咖啡和茶。[3]

　　1868 年，在真正的餐车被引入到加拿大列车上之后，铁路旅行中的用餐就变成了更加令人愉快的经历。每隔约 240 公里就安排有一个为机车和列车服务的站点，有 20 到 30 分钟左右的时间供旅客下车。在这些停靠站点通常都设有茶点室，供不愿意在餐车上就餐的乘客购买快餐和小吃。关于这些加拿大所谓"车站餐点"的故事，其中就包括这么一段：一位成就斐然但非常"经济节俭"的科学家，用全部由别人资助的经费穿越加拿大时，被餐车中吃的第一顿饭的高昂价格所震惊，于是在接下来的三天半旅程中只吃三明治，喝软饮料；后来他兴致勃勃地向其他人讲述了这段经历。[4] 在早期的旅行岁月中，无论是乘火车还是走陆路，三明治都被普遍认为是一种较为低级的食物。像野餐

THE CANADIAN PACIFIC RAILWAY
DINING CARS
Excel in Elegance of Design and Furniture
AND IN THE
Quality of Food and Attendance
ANYTHING HITHERTO OFFERED TO
TRANSCONTINENTAL TRAVELLERS.

———

The fare provided is the best procurable, and the cooking has a wide reputation for excellence. Local delicacies, such as trout, prairie hens, antelope steaks, Fraser River salmon, succeed one another as the train moves westward.

The wines are of the Company's special importation, and are of the finest quality.

These cars accompany all transcontinental trains, and are managed directly by the Railway Company, which seeks, as with its hotels and sleeping cars, to provide every comfort and luxury without regard to cost—looking to the general profit of the Railway rather than to the immediate returns from these branches of its service

47

加拿大太平洋铁路的餐车广告，1888 年。

便当这样更容易"被人接受"的打包午餐，通常是要包括烤鸡或者冷餐小牛肉、蛋糕或者馅饼、涂上黄油的饼干、柠檬水或者覆盆子果汁甜酒（一种由果汁、醋和水制成的饮料）等饮料，以及泡菜和调味品等的。[5]

由富人所有或者铁路公司接待达官贵人所用的私人车厢通常会有专属的厨师。正如麦克唐纳总理和夫人阿格尼丝女爵在1886年第一次跨越大陆的旅行中那样，他们的私人车厢被命名为"牙买加"和"伊戈内斯"。阿格尼丝女爵写道："我那挂着严密帐子的沙发床十分舒适，有垫子和松软的枕头。我的女仆睡在对面。两个小小的卧室都住了人，所以我们的行李员兼厨师安睡在厨房对面的一个小铺位里。"[6]

加拿大最早的跨大陆旅程之一，是1886年6月26日从多伦多启程，在曼尼托巴省的温尼伯与从蒙特利尔始发的"太平洋特快"号列车汇合的路线。关于这趟旅行中的就餐体验，乘客伊丽莎白·斯普拉奇后来写道：

在离开（曼尼托巴省）布兰登之后，我们在餐车里吃了第一顿饭，那里的一切都安排得妥妥当当，并且提供了一份极好的菜单，包括新鲜的鲑鱼和其他应季美食。这个车厢本身是新的，非常美观宽敞：座椅上坚固的深色皮革模仿了鳄鱼皮的质感，在镜子和车厢里所有合适的位置上都镶饰着黄铜。亚麻布和餐盘、玻璃器皿和瓷器也全是华丽而崭新的。[7]

阿格尼丝女爵和斯普拉奇乘坐的火车一列从蒙特利尔出发，一列从多伦多出发，但都是在到艾伯塔省落基山脉的路易斯湖的途中提供餐车服务。到路易斯湖后，由于无法带着餐车翻越高耸的罗杰斯山口（海拔1330米）和踢马山口（海拔1643米），列车会在此卸下沉重的餐车，到山脉西麓再挂上备用餐车。在落基山之巅，乘客们可以在不列颠哥伦比亚省的田间小镇和冰川小镇上，在铁路公司开设的风景如画的山间酒店中用餐。[8]

阿格尼丝·麦克唐纳在1887年出版的旅行回忆录《车厢与排障器》，让我们得以一窥铁路建设的其中一项成果：在落基山脉间修建了第一个加拿大国家公园，并且修筑了铁路公司伟大又豪华的"乡间小屋"——班夫温泉酒店。正如该公司总裁在当时的报道中所说的那样："因为没办法将美景运出去，我们只好把游客带进来。"[9]现在，在加拿大39个不同的生物地理区域中，分布着加拿大公园局管理的140个景点，其中一些就可以乘火车到达。班夫和贾斯珀这两个位于落基山的国家公园直到今天仍然位于最受人欢迎的游客目的地之列。铁路依然蜿蜒在曼尼托巴省的温尼伯和丘吉尔间，游客们可以在那里观察镇上的北极熊，它们正等待着冬季来自北极的大块浮冰再次出现。

一节加拿大太平洋铁路公司餐车的内部景象，摄于大约 1886 年到 1889 年间。

位于艾伯塔省班夫的班夫温泉酒店，1930 年。这座建立在落基山脉的豪华"乡间小屋"，把乘坐火车而来的游客带到了后来为数众多、当时首个建成的加拿大国家公园。

在艾伯塔省的班夫温泉酒店用餐，1924 年。

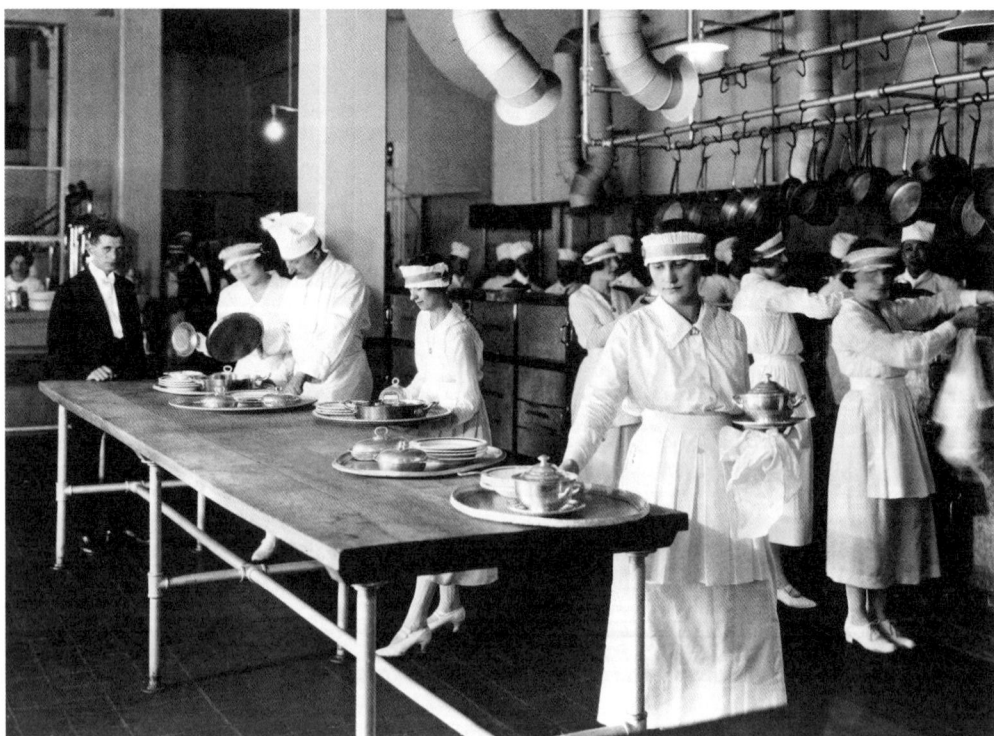

班夫温泉酒店厨房里的女服务员，正在拿起订单上已经做好的菜肴。

火焰雪山（8 人份）

这道甜点的历史可以追溯到 1965 年，是由加拿大国家铁路公司的伯尼·迪桑尼斯大厨创作的。它是该公司的麦克唐纳酒店中最受欢迎的甜点。该酒店位于艾伯塔省埃德蒙顿的北萨斯喀彻温河畔。

1.5 升冰淇淋（任何口味），轻微放软
1 个圆形夹心蛋糕，预先烤好，大约直径 20 厘米、1.5 厘米厚
100 毫升水
280 克砂糖
3 个大个鸡蛋的蛋清

在一个直径 20 厘米的碗中涂上油，铺上塑料保鲜膜，然后装入冰淇淋，冷冻 4 到 5 个小时或者过夜。解冻碗里的冰淇淋（需要的话，可以将碗浸泡在装了自来水的大碗中）。将夹心蛋糕放在一个隔热的大盘子里，快速将碗里的冰淇淋转移到蛋糕上，去掉保鲜膜。接下来，用保鲜膜将蛋糕和冰淇淋包好，冷冻至凝固。

在上菜前几分钟，在锅里煮沸水和砂糖。用中火加热到 120℃，用煮糖温度计测试温度。在煮糖浆的同时，搅打蛋清至浓稠，然后缓慢向蛋清中注入糖浆并不停搅拌，直到加入所有糖浆，并且蛋清冷却到室温。

迅速从冰箱中取出蛋糕和冰淇淋，在上面均匀地铺上蛋白糖霜。用厨房喷枪轻轻将糖霜烤成棕色，或者将蛋糕和冰淇淋放在烤架上烤 1 到 2 分钟，在旁边观察，防止燃烧。完成之后立刻上菜。

加拿大太平洋铁路公司最初获得了大片土地开展业务，这为国家带来了许多定居人口。该公司将一个海运分支机构，即加拿大太平洋航运公司，与铁路路网结合，并且开展了一场声势浩大的宣传活动，其中包括付费广告和在欧洲报纸上刊登的大量游记，以此为北美大草原招募移民。公司甚至向未来的农民们提供20年的分期付款计划，用以帮助他们购买开始耕作的必需品，例如种子、农具和家畜。这些数以万计的移民激发了加拿大的另一项铁路创新。在当时那个时代，其他一些铁路上的条件与牛车相差无几，移民被认为是另一种货物，以最廉价的方式进行运输；加拿大太平洋铁路公司却与之相反，建造了特殊的"殖民者车厢"，可以容纳72名乘客。这些简朴的"殖民者车厢"里的座位可以放倒，变成供乘客睡觉的平台，如果交费的话还可以获得床单和保证隐私的帘子。车厢一侧有一个大炉灶，移民们可以处理自带或者在沿线商店里购买的食物。从19世纪80年代到20世纪30年代的大萧条前，这期间有超过1000节"殖民者车厢"将数百万移民运送到加拿大的各个角落。进入大萧条后，移民的数量才急剧下降。

1914年，加拿大太平洋铁路公司的餐车每天供应6000份餐食。1918年第一次世界大战结束时，该公司共运营169节餐车、咖啡车和会客厅车。这些车厢由美国的珀尔曼公司和加拿大的巴恩尼与史密斯公司建造，后者位于蒙特利尔，是加拿大国家铁路公司的车厢供应商。此外，铁路边有站台餐馆（也被人称为午餐柜台），顾客可以坐在柜台边上，服务人员则站在柜台里面。这种站台风格很早就出现在了这条铁路的历史上，当时基本不具备管理知识的职员们会摆放一个和行李车差不多长度的柜台，向乘客们出售食物和饮料。[10]有时这些站台餐馆是由铁路公司自行经营的，但通常情况下，尤其是在小地方，是由独立特许经营商或者公司授权的服务人员来打理的。今时今日，独立特许经营商在蒙特利尔、多伦多、温尼伯、贾斯珀、温哥华这样的大型车站向乘客供应各种餐食，包括三明治、卷饼、新鲜水果和蔬菜、咖啡、茶和其他小吃、酸奶、冰淇淋、包装好的零食（薯片、甜点和糖果、坚果），以及家庭制作或者商业化生产的糕点、蛋糕、曲奇饼和饼干等等。

20世纪头几年是长途铁路旅行的黄金时代。此时，加拿大的餐车、车站餐馆和铁路酒店的餐厅里供应大量的食物，每年要消耗超过320吨牛肉、80万条面包、3500打鸡蛋、6万蒲式耳① 土豆和45吨茶叶。[11]20世纪早期的许多著名铁路酒店至今仍然是加拿大城市中最气派的老酒店，例如艾伯塔省埃德蒙顿的麦克唐纳酒店依然因为其标志性的20世纪60年代的火焰雪山式甜点而闻名，温尼伯的加里城堡酒店则因烟熏月眼鱼闻名遐迩，不列颠哥伦比亚省维多利亚的皇后酒店以其英式下午"茶餐"著称。

---

① 蒲式耳（bushel），英制容量及重量单位，主要用于量度干货，尤其是农产品的重量。通常1蒲式耳等于约36.37升。

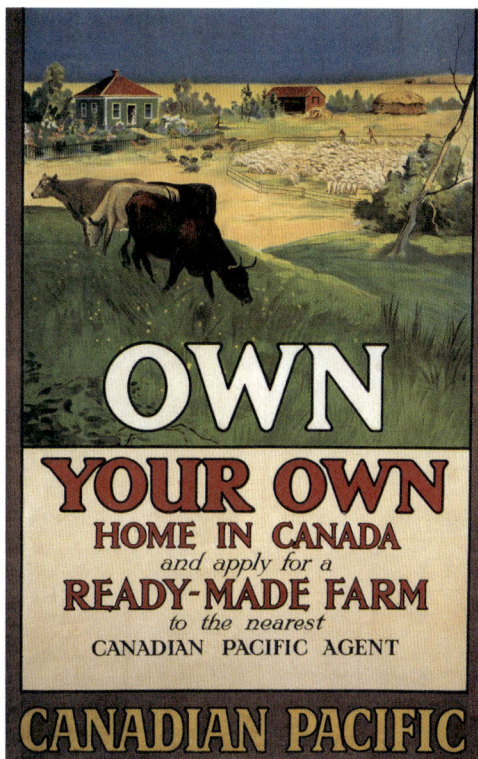

加拿大太平洋铁路公司的海报，在 1910 年到
1930 年年间用于吸引移民前往加拿大。

1900 年前后的明信片，描绘了殖民地际铁路 ① 上一间车站餐馆内部的模样，这间车站位于新斯科舍省
特鲁罗。这条铁路在 1919 年成为加拿大国家铁路公司的一部分。请注意墙上的驼鹿头装饰。

———————————————

① 殖民地际铁路全称加拿大殖民地际铁路（The Intercolonial Railway of Canada），运营于 1872 年到 1918 年，
以驼鹿头为其公司标记。——编注

加拿大鳕鱼排（4 人份）

这份菜谱是 1929 年在加拿大太平洋铁路上供应的版本。如果无法得到北冰洋产的鳕鱼，也可以使用任何肉质紧实的白身鱼，例如比目鱼。原版的菜谱需要 240 毫升双倍奶油或者浓奶油（35% 乳脂），使得这道菜变得非常油腻。但可以用稀奶油或者淡奶油（10% 乳脂）成功代替。

4 块去皮的鳕鱼排，每块 120～170 克
120 毫升牛奶
2 汤勺黄油（分开使用）
225 克蘑菇，切片
240 毫升稀奶油（淡奶油）
2 个蛋黄，打发
750 克育空[①]金黄土豆，煮熟去皮，用黄油、盐、胡椒和牛奶制成土豆泥
盐和现磨胡椒
新鲜香芹切碎，用作装饰

将烤箱预热到 180℃。用盐和胡椒给鳕鱼排稍作调味，并放置在一个涂好黄油的 20 厘米见方的玻璃烤盘里。将牛奶倒入烤盘，再均匀倒入黄油。烤制 10 至 12 分钟，时间取决于鱼的厚度。

同时，在中等大小的煎锅（长柄煎锅）中加热剩下的 1 汤勺黄油，用中火快炒蘑菇，直至变成金黄色。用盐和胡椒调味，加入奶油，继续用中火加热，直到收干一半的汤汁，以达到浓奶油的黏稠，然后用最小火保温。在蛋黄中搅入少许上述酱汁，接下来将其缓慢倒回煎锅里的食材中，用小火烹煮，不时搅动，直到酱汁变浓稠。

上菜时将鳕鱼铺在土豆泥上，顶部浇上蘑菇酱汁，以香芹碎装饰。

---

① 育空（Yukon），加拿大的三个地区之一，位于该国西北方。

这些铁路公司的零售餐馆中的食物，大部分来自铁路公司本身和加拿大联邦政府设立的实验农场，它们不仅为铁路公司及其酒店的厨房（甚至是将移民和旅客运送到加拿大的远洋轮船）提供补给，还充分展示了这个新生国家的农产品。第一次世界大战时，有十三个这样的农场散落在三个加拿大省份；在铁路沿线的主要城市里，食品杂货大楼大量供应桌布、制服、餐具和烘烤食品，并且为餐车提供不同种类的地区特产，包括数百扇猪牛羊肉、几千瓶啤酒和葡萄酒，以及成箱的新鲜水果和蔬菜。

第一次世界大战的数年时间为加拿大铁路餐食增加了一项创新：冷餐车。身着白色外套的大厨时刻准备好送上玻璃罩子里的各种冷餐肉类、沙拉和甜点。运送军队的时候，士兵和军官们的菜单是类似的，明显的区别是军官的午餐和晚餐供应汤和沙拉，但士兵的餐食则不包括这些菜肴——可能因为他们被看作单纯的粗人。早餐时分，普通士兵可以得到橘子或柠檬果酱来搭配早晨吐司，然而军官们可以在这两种果酱和其他水果制成的果酱中选择。[12]

第一次世界大战后，旅游业重新振兴，大多数乘客都在餐车中用餐，这也成了他们旅途时光的重头戏。但是，虽然早期的火车旅行游记经常为餐车服务本身大唱赞歌，然而车厢中的食物并没有得到这样的高度评价。1905年，英国的《金融新闻》报道，虽然卧铺和硬座车厢比世界任何铁路上的都好，但"餐食是加拿大太平洋铁路公司跨大陆铁路上最令人不满意的一部分"[13]。该公司决心改变这一境况，开展了一项对餐饮业务的详尽调查，为厨房工作人员制定了明确并受到严格控制的操作指南，成为餐馆快餐实践的先声。一则加拿大太平洋铁路公司发布于1914年的乘客服务部公告读起来就仿佛现代快餐的推销广告：

加拿大太平洋铁路上的旅客们可能已经注意到了，无论他们是在西部平原上缓慢前行、驶下落基山靠太平洋一侧的山坡、沿着渥太华湖美丽的曲线打转，还是在掠过大西洋的海岸，在本公司的餐车中，牛排、马里兰鸡块和大杂烩的分量、价格和上菜方式都是完全一样的。[14]

厨房的工作人员也受到了训练，严格按照铁路公司的标准分量上菜："一人八颗橄榄和八根小胡萝卜，一片完整的八盎司火腿配两个煎蛋，橘子或其他水果的果酱用独立的瓶子装起来——如果乘客想要，奶油也如此包装送上。"[15]（这种严格的品控哲学一直延续到当代：在多伦多到温尼伯的旅途中准备的羊排，必须和温尼伯到温哥华线路上的羊排用相同的方式烹制。）列车上标准化的餐桌用品包括：该公司著名的带银质翻盖（出于卫生考虑，对软木瓶塞进行改进后的产品）的水瓶，源于第一次世界大战前；带凹槽的银花瓶，瓶底较重，不会打翻；银质的面包托盘和刮刀；定制的硬陶器或者瓷器，带有铁路公司的花纹，在多年时间里花纹不断在发生变化。今时今日，餐桌上仍然有插花、白色的亚麻桌布和餐巾，以及纯白色的优雅则武牌[①]瓷器（不带任何标志），但已经不见银餐具和银餐盘的踪影，取而代之的是较为廉价耐用的不锈钢制品。

20世纪50年代，列车车窗外不断变换的草原和山间风景，在餐车和酒廊车里因著名加拿大艺术家绘制的大幅风景壁画而增色，乘客可以始终处在列车途经地区的震撼"景色"的环绕中。可以在美食佳肴和良好的餐桌服务的映衬下欣赏壮美景色——铁路公司的这种承诺在一段时间内让乘客保持搭乘列车出行的习惯，甚至在20世纪40年代晚期和50年代早期，遭遇汽运和航空的激烈竞争时也是如此。但在第二次世界大战后，加拿大政府并不重视铁路旅行，而是将纳税人的税金花在了修建道路、桥梁和机场等基础设施上。

加拿大跨大陆铁路上的乘客服务始终处于亏损状态。加拿大太平洋铁路和加拿大国家铁路都是从货运中取得利润的：运送煤炭、小麦、木材、工业制成品、铁矿石、化学品，以及现在的石油。但是，虽然餐车业务从始至终都处于亏损之中，但人们仍然认为它对招揽乘客至关重要。多年以来，上述两家铁路公司都试图维持良好的服务，然而乘客的数量还是在不断减少。20世纪50年代中期，两家公司都不惜花费重金投资新的车辆，并且坚定地致力于改进乘客服务。加拿大太平洋铁路的"加拿大人"号列车每周在多伦多和温哥华之间往返三次，加拿大国家铁路的"超级大陆"号列车以相同的频次在蒙特利尔和温哥华之间对开。1955年，加拿大太平洋铁路向费城的巴德公司[②]订购了173节不锈钢车厢，包括行李车、硬座车、餐车、卧铺车和拥有玻璃穹顶的"天际线"观景酒廊车。

只不过虽然政府进行了补贴，乘客人数还是在继续下降。1977年2月，联邦政府成立了一家新的公司，即加拿大维亚铁路（VIA，以下皆以此简称为替代），接手加拿大太平洋铁路和加拿大北方铁路公司的客运业务，在全国范围内形成统一的铁路服务。VIA从两个铁路公司中选取最好的车辆，配以一些新的机车，每周在多伦多和温哥华之间开行三趟，选择了更靠北的加拿大国家铁路的路线，并且将他们旗舰级的跨大陆列车称为"加拿大"号——由此结束了加拿大太平洋铁路的传奇列车"国家建设者"号长达110年的客运服务历史。

---

① 则武（Noritake，ノリタケ），日本著名骨瓷品牌。相较于其他日本品牌，则武历史不算悠久，1904年才创设于名古屋，但很快就凭借销售网络，因主打欧式设计和日式手工品质在欧美开拓出一片天地。
② 巴德公司（Budd Company），车辆工业界的主要金属制造业者与供应者之一，创立于1912年，总部位于美国宾夕法尼亚州。

定居者豌豆浓汤（6 人份）

这道菜是在 1946 年由加拿大太平洋铁路公司的头号主厨约瑟夫·普兰特创作的。定居者豌豆浓汤（habitant pea soup）的名字有可能来自魁北克省的法裔殖民者，他们在法语中被称为"定居者"（habitant）。普兰特的同事斯蒂芬·西塔尔斯基是一位餐车乘务员，曾经提到"乔·普兰特在过去六年中都在列车上工作。蒙特利尔至魁北克的城间旅程因美味佳肴闻名，普兰特对此助力颇多。每年都有成千上万的美国游客造访这座古老的都市，他们几乎都会询问乔的拿手好菜——定居者豌豆浓汤——的菜谱"。

500 克用于煮汤的裂开去皮的豌豆（风干豌豆）
3 升水或者肉汤，任君选择
250 克腌肉（去掉最外的一层），切丁
4 根芹菜梗，切丁
1 个小芜菁，去皮并切丁
2 个洋葱，切丁
2 个胡萝卜，切丁
80 毫升香芹碎
盐和现磨黑胡椒，用作调味

将豌豆放在一个大锅里，加入冷水淹没，加热至沸腾，并保持 2 分钟。然后把锅从火上移开，盖上盖子，放置 1 小时。

将豌豆滤干，重新放回锅里。加入 3 升水或肉汤、腌肉、芹菜、芜菁、洋葱和胡萝卜。煮沸，然后调至小火，盖上盖子，慢炖 1 个半到 2 个小时，或者炖到豌豆非常软为止。最后搅入香芹，并放入盐和黑胡椒调味。

加拿大太平洋铁路公司 1913 年的蒸汽机车，编号 1095，"约翰·A.爵士精神"号，在加拿大渥太华的金斯顿车站展出。

在加拿大落基山脉间，透过"加拿大人"号列车的玻璃穹顶车厢，眺望罗布森山（海拔 3954 米）罕见的清晰景色。

现在，VIA 的餐车运营方式中有很多仍然与七十年前相差无几，正如在 1946 年的《加拿大太平洋铁路公司：事实与数据》中所描述的那样：

在车厢配备完毕、准备投入服务的时候，会着手挑选乘务组人员，通常包括一名乘务员，大厨、二厨、三厨、四厨、五厨各一名，以及五名服务员。旅途中的菜单已经由主管制定好，交给乘务员和大厨。主管会向餐车仓库下一份需求清单，要求仓库准备足够的食材，以供制作菜单上的所有菜肴。接下来，仓库管理员将备好所有的供给品，乘务员在收货单上签字，并且拿到一张写明供给品价值的单据，就像在食品商店里下订单那样。当列车返回时，会盘点车上的供给品，算清旅途中消耗物资的价值，将供餐收到的现金与食物的价值进行收支结算，由此得出这趟旅程的利润或者亏损……餐车时有亏损是事实……（但是）必须用相对较低的价格提供餐车服务，以鼓励人们乘火车出行。[16]

然而，现在每节餐车上只有一位大厨和一个帮手，他们准备并烹饪车上所有的餐食。过去那种有三个厨师烤面包和点心并且负责切肉的日子已经过去了，现在的面包和点心是从高端供应商处采购的，此外由专业的屠宰商提供切好的肉类。比起过去要用五位服务员，现在只有四位服务员照料三餐，旺季时每个人要负责三张桌子。

由大厨而非乘务员监督供应品装车，并且他还经常要负责储存食材。乘务员则要处理含酒精的饮料，提前向食品杂货商订购葡萄酒、啤酒和其他在餐车中供应的饮料。菜单是在公司位于蒙特利尔的总部进行测评并最终决定的。VIA 不时会开展大厨竞赛，让他们带着各自的特色菜来到蒙特利尔，在公司的厨房里待上几个星期，激烈争夺餐车菜谱上的一席之地。菜品选择受到严格的监督。例如，魁北克式烤鸭是当地的代表菜肴，但最近因为没有人气而被移出了菜单。在车上预定了卧铺铺位的乘客，他们的票价中包括了餐车中一日三餐的餐费，还能享用酒精饮料。[17]

大多数加拿大乘客都受到了廉价机票的诱惑，不再搭乘火车。因为有了更合适的公路和汽车服务，许多支线铁路纷纷停业。人们也不愿意花费三天四夜的时间，用于跨越该国东南部的多伦多和渥太华与西海岸的温哥华间 4493 公里的路程。正如一个老朋友所告诉我的，"飞机上的一小时，火车上的一天"。但比起过去，铁路旅行的意义并不在于抵达某个目的地，而在于旅行本身。

今天，VIA 一展重新装饰过的 1955 年的不锈钢车厢的风采。数十年来，它们始终是加拿大铁路旅行的骄傲，如今则充满来其他国家的游客：从英国曼彻斯特来的退休老人，他们正在做第二次穿越加拿大的旅行；年轻的蜜月夫妇，他们"总想着要坐火车

"加拿大人"号上"天际线"车厢的厨房。这里会有一位大厨为白天就餐的客人和经济车厢的旅客准备餐食，包括早餐的松饼配枫糖浆和晚餐的炖牛肉。

在一列 VIA 列车的厨房里，大厨正在准备一天的餐食。

"加拿大人"号的餐车和布置妥当的餐桌。

横跨这个国家"；一位从韩国"来见见世面"的研究生，决定接下来要从温尼伯去丘吉尔看北极熊；大约 20 个新西兰人，来到不列颠哥伦比亚省的温哥华，准备去艾伯塔省的贾斯珀感受"白色圣诞节"，然后从卡尔加里飞回国；参加长者研学旅行的退休美国人；一个由父母和两个青少年组成的日本家庭；几个富有的瑞士和德国游客，他们坐在列车尾部超级豪华的"威望"车厢，它才刚刚经历全面翻修并投入使用。但很多加拿大人，尤其是带着孩子的，还是选择坐比较便宜的经济型硬座车厢出行。

这些加拿大乘客中有不少人仍然自带食物。但在乘客打包的午餐吃完之后，今天列车上的用餐选择之一是"天际线"车厢。在那里可以吃到热饭热菜和小吃，包括松饼配熏肉的早餐、汉堡、沙拉，以及深受欢迎的 12 加元的炖牛肉。另外一个更高档的选择是，提供三道菜正餐的餐车，那里有雪白的桌布、精致的瓷器，以及最近仍然存在的银质餐具。回顾 1924 年，代表了当时品位和列车穿过的加拿大荒野的，是午餐菜单上的冷切水牛舌和小牛胸腺。现在，"天际线"提供藜麦沙拉和使用农场养殖的野牛肉的现做汉堡。

我最近的两趟 VIA 列车之旅，分别是 2015 年从温哥华前往艾伯塔省的埃德森，以及 2016 年从蒙特利尔去温哥华。途中我与许多乘客交流，发现他们都对车上的服务、风景和餐食抱有积极的态度。早餐的选择包括："跨大陆"套餐（熏肉加鸡蛋）、"大厨煎蛋卷"和每日特餐，还有南瓜松饼；蓝莓松饼配枫糖浆，外加熏肉、火腿或者香肠；燕麦片配各种浆果；VIA 可口诱人的带奶酪内馅的法式吐司，搭配煮熟的糖渍浆果和打发奶油。铁路公司之间竞争哪家的法式吐司最美味是一项历史悠久的传统。这项传统从早期铁路还是人们最爱的旅行方式，所有餐车都供应牛排这种最受欢迎的主菜的时候就开始了。因此，每家铁路公司都拥有各自的特色法式吐司，以便和竞争对手有所区别。

VIA 的乘客可以在午餐时重返餐车，菜单上列出了四道主菜供他们选择。在前菜的汤或者沙拉过后，可选的主菜包括：虾镶扇贝衬蔬菜配覆盆子油醋汁，或者手撕猪肉三明治，又或者"鲑鱼玫瑰"——一道用薄鲑鱼片包裹格陵兰大比目鱼和大西洋鲑鱼做成的小肉饼。另外，还可能有一道为了素食主义者而制作的所谓"融合"沙拉，即玉米、黑豆和日本毛豆配芝麻油酱汁，或者是快炒豆腐和蔬菜。虽然我的旅伴有麸质不耐受症（一种严重的自身免疫疾病，如果食用任何含小麦、大麦、燕麦或者含有麸质的谷物就会发病），但她可以轻松地发现菜单上哪些菜肴含有麸质，如果她不满意已有的选择，服务员还会请大厨准备一些适合她的食物。我遇到过一位女士，她是从南非来的游客，对 22 种食物过敏，但她惊讶地发现车上的大厨准备了符合她要求的食物。

每餐饭有两轮用餐时间（旺季则有三轮）。晚餐同样也是以汤或者沙拉开始，接下来的选择包括：300 克的现烤小牛排，平底锅煎的脆皮鸭胸配迷迭香、枫糖浆和酱油，

"加拿大人"号上的早餐：乡间烟熏火腿，炸薯饼，一个恰到好处的水煮蛋，一点水果。

虾镶扇贝衬蔬菜配覆盆子油醋汁，"加拿大人"号上提供的午餐选择之一。

波特贝拉蘑菇酿小扁豆、羊奶奶酪和自然烘烤的番茄干，烤羊排，香煎金枪鱼。为了延续提供不同的菜肴以反映加拿大地区不同特点的悠久传统，菜单可能还会包括这些食物：梭鱼蛋黄酱（一种来自大草原地区①河流的鱼类，配以加入醋、芥末、葱、刺山柑、腌菜碎，有时还有少许新鲜香草等调料的蛋黄酱），来自极北方努纳武特地区的加拿大湖水鳟鱼，艾伯塔省的优质牛肋骨肉，不列颠哥伦比亚省的红鲑鱼。甜品不是在车上制作的，而是从多伦多、温尼伯和温哥华等地的高端供应商采购的，可能包括英式椰枣太妃蛋糕、口感浓厚的巧克力布朗尼或者萨斯卡通浆果（一种大草原地区的浆果）馅饼。

周日，在六点钟为早起旅客准备的欧陆式早餐过后，时间较晚的早午餐菜单现做现卖，包括铁路公司的"跨大陆"套餐（熏肉加鸡蛋）、"大厨煎蛋卷"、带奶酪内馅的法式吐司，还有经典的火腿蛋松饼②、"融合"沙拉和意式龙虾小方饺。虽然这种小方饺是从品质保障的供应商处采购的成品，但用韭葱、白葡萄酒和丰富的龙虾颗粒做成的酱料是大厨们在车上准备的。这一天也许会在拥有玻璃穹顶的观景车厢里，以星空下的一杯葡萄酒或者白兰地画上句号。然后，乘客回到他们可以放下来的床边，会发现枕头上放着用铝箔纸包裹的优质比利时巧克力，可爱又小巧，采购自蒙特利尔的巧克力制造商"巧克力画廊"。

来自德国海德堡的安迪曾经在许多世界闻名的铁路上旅行，并且正在第四次穿越加拿大，他对乘坐 VIA 的跨大陆列车旅行的经历总结如下："当我身处多伦多联合火车站，看到那些美丽的 20 世纪 50 年代的不锈钢车厢，听到汽笛声，和人群一起候车，我感到自己在轻微发抖。这是一列真正的列车。这就是我来这里度假的原因。'加拿大人'号是最完美的列车，这也是世界上最棒的火车旅行！"[18]

---

① 大草原地区（the Prairies）是一个位于加拿大中西部的区域，一般泛指艾伯塔、萨斯喀彻温和马尼托巴三省。
② 火腿蛋松饼（eggs Benedict），又译作班尼迪克蛋，以英式松饼为底，上方搭配火腿或者熏肉、水煮蛋与荷兰酱。

"甘"号列车的标志：由加布里尔·施特克设计的纪念碑"骆驼与骑士"，2007 年前后。

袋鼠、鳄鱼和蛋奶酱：
在"甘"号铁路上吃遍澳洲内陆

戴安娜·诺伊斯

> 洋葱汤、洁白的桌布和老式的英国银器完美地放在固定好的桌子上，与此同时，窗外无止境的沙漠荒野让我们感到饶有趣味，这是一段多么奇特的回忆啊！[1]
>
> ——朱恩·威廉姆斯，1953 年

对于在英国出生的朱恩·威廉姆斯来说，20 世纪 50 年代在古老的"甘"号铁路上的旅行，是一场前往未知国度的冒险。她的丈夫约翰获得了一个在艾利斯斯普林斯邮局担任电报主管的职位，这个城市位于澳大利亚北部，也是"甘"号铁路的终点。朱恩最终在"甘"号铁路上旅行了好几次。待在火车上的一天中，她最兴奋的是听到餐车的"召唤"时刻：一个语音柔和、打着领结的服务员在餐车中召集乘客享用一日三餐。餐车给人留下了深刻印象，有着经过高度抛光的木质内饰，并且雕刻有"旧式英国"的设计图案。

朱恩最爱的是早餐时分。乘务员送来一杯茶把她叫醒之后，她就前往餐车。在澳大利亚内陆地区广袤的天空下，蒸汽动力机车摇摇晃晃地沿着铁轨前行，朝阳照亮并温暖了沙漠里的清晨。与此同时，原野的味道从敞开的车窗迸发开来，还有"从繁忙的厨房中透过餐车飘来的熟悉味道，那是熏肉、鸡蛋和刚泡的茶"[2]。在其历史上，"甘"号列车在技术方面和供餐方面都有过好几个不同的侧重点，但早餐时间始终是一天的重头戏，甚至能够和壮阔的景色相提并论。

"甘"号列车的故事最初和一场到未知土地上的冒险有关，这个故事足足花费了一个半世纪的时间来讲述。1861 年，出生在苏格兰的探险家约翰·麦克道尔·斯图尔特（1815—1866），在澳大利亚的中部地区开始了一次远征探险（这是他的第六次，也是最后一次尝试），试图穿越澳大利亚原住民的土地，前往北部海岸。斯图尔特的目的在于为白人殖民者勘察并绘制这个国家的地图，以便修建一条横跨该国的电报线路。这条电报线路于 1872 年完工，从澳洲大陆南部的阿德莱德延伸向北部的达尔文，让牧场主和农场主在这个国家的中部占据并出租土地成为可能。不过直到 1887 年，澳大利亚中部地区的人口才有了急速增长，原因是在距离艾利斯斯普林斯（原本用探险家的名字命名为斯图尔特）约 100 公里的阿尔敦加发现了砂金。

被认为是从阿富汗前来的移民驼夫带着骆驼追随斯图尔特的脚步来到这里，在澳大利亚的历史上拥有了一席之地，虽然他们实际上来自巴基斯坦。在赶着驼队在沙漠中前行的过程中，这些驼夫在不毛之地开辟了交通线路，参与探险，向殖民者输送必要的给养，并且整体上为当地的人口增加做出了贡献。他们开拓了中部地区，并且相当亲近当地居民，可谓劳苦功高。据历史学家克里斯汀·斯蒂文斯所说，"这些驼夫和他们的骆驼，在历史上对澳大利亚经济的支柱，即农牧和采矿等传统产业做出了无可估量的功绩"[3]。将列车命名为"甘"（Ghan）是对他们的重要性进行肯定（这个词来自阿富汗的简称 Afghan）。为了赞扬这些驼夫的探险精神，"甘"号列车的标志是一匹骆驼和它的骑士。

1878 年，澳大利亚大北方铁路开工建设，连接南澳大利亚州的奥古斯塔港和今天北领地的首府达尔文。线路追随斯图亚特的脚步，将一条轻型、单轨、窄轨距、1067 毫米宽的轨道，结实地铺设在了今天铁路运行轨道以东的位置。然而直到 1929 年，这条铁路串联南部阿德莱德和中部艾利斯斯普林斯的南段部分才完工。当时这条铁路被称为澳大利亚中部铁路，在这条线路上运行的火车被命名为"甘"号列车，机械列车开始取代驼队的地位。但最终连接艾利斯斯普林斯和达尔文的路段直到 2001 年才开工，并在 2004 年最终完成。

实际上，为人们所知的"甘"号列车一共有三个版本：从阿德莱德出发，途径乌德纳达塔，抵达艾利斯斯普林斯的窄轨列车；1980 年之后，从阿德莱德出发，途径塔库拉，抵达艾利斯斯普林斯的 1435 毫米标准轨列车（奠定了这趟列车成为观光列车的基础）；现代的豪华客运列车，在阿德莱德和达尔文间的完整线路上运行。现在，"甘"号列车由澳大利亚国有的大南方铁路公司（GSR）负责经营。

上述的第一版"甘"号列车，在 1929 年 8 月 4 日星期天驶出阿德莱德火车站，带着邮件、三个车皮的新鲜水果、一节餐车、数节卧铺车厢和超过一百名乘客，前往遥远的城市艾利斯斯普林斯。两天以后，列车的汽笛声在 8 月 6 日打破了艾利斯斯普林斯附近的麦克唐奈山脉的宁静。此后，"甘"号每两周运行一班，但 20 世纪 30 年代时它没有加挂餐车，乘客必须自带食物踏上旅途。到了 40 年代，"甘"号每周运行三班。

蒸汽机车必须每隔约 200 公里就停下来加水。由于澳大利亚内陆地区的地表水非常

在新南威尔士州伯克附近的沃纳灵路上的"阿富汗"驼队，1890 年至 1917 年。驼队的规模从 20 匹到 80 匹骆驼不等。

英联邦铁路公司的 NM34。这是一节 NM 级的窄轨蒸汽发动机，运行于 1925 年到 1956 年间。现在保存于南澳大利亚州阿德莱德港的国家铁路博物馆。

展示新旧"甘"号列车路线的地图，2008 年前后。

稀少，因此铁路不仅沿着电报线路前进，还要追随大自流盆地①里的自流泉踪迹——这些泉水为定点停站提供了水源。很多地方也打井引出地下水源。

水源附近没有茶点室，但乘客们可以下车活动活动双腿。车站也很少设置茶点室，只设有当地的酒馆。朱恩·威廉姆斯描述道，只有男人，其中不少身着礼帽和套装，会按照离家时的惯例，穿过红土地去酒馆喝一种俗称啤酒的琥珀色液体，它是澳大利亚最受欢迎的饮料。(4)但是，在阿德莱德、奥古斯塔港和阔恩，人们可以在茶点室吃到附带酒精饮料的餐食，在皮埃尔港和马里只能买到轻食。

"甘"号列车会经过位于芬克河畔的芬克小镇，这条河通常情况下只是一条干涸的河床。曾于20世纪50年代的骆驼巡逻队里任职的托尼·凯利警官描述道，当时每周的大事就是迎接"甘"号列车驶向艾利斯斯普林斯并返回。这列列车会在芬克停留大约半个小时，往水箱里加水。当时"甘"号列车上还没有酒廊，所以乘客们会利用停车时间到当地酒馆里振作精神。但停车时间并没有充裕到可以让乘客们尽情享受啤酒。列车准备离开时会鸣响汽笛，召唤酒馆里的乘客。根据凯利所说，列车时不时会发动车辆，让车厢有所移动，以便让不情不愿的酒客们动身："这是匆匆忙忙的半小时，但从来不会给专心饮酒的顾客们造成任何麻烦。"(5)

铁路在第二次世界大战的国防中始终发挥着主要作用。1942年2月19日，日军空袭达尔文，其攻击体量与1941年12月摧毁夏威夷珍珠港的那次袭击相等。敌军的水雷、空袭和潜水艇对海运构成了威胁，这意味着货物、军事人员和装备不得不通过公路和铁路进行运输。尤其是太平洋战争开始后，军队在达尔文集结的时候，"甘"号列车在向军队营地运送设备、必要的补给和士兵的过程中扮演了重要角色。交通流量的增加，给轻型、窄轨的单线轨道增加了大量负担。由此带来的必要限速使得"甘"号列车以每小时48公里的速度前行，搭乘列车变得缓慢无趣。至少有两列运兵列车，以每两周七天、每天两班的频率，装载着不少于321人的士兵，离开阿德莱德前往艾利斯斯普林斯。

在阿德莱德火车站附近，一间由志愿者经营的"加油小屋"为返乡和出发的士兵提供家常饭菜。这间"加油小屋"是西澳大利亚州的独一家，它建于第一次世界大战期间，在1939年以大得多的规模重启。农民捐出整头整头的绵羊、新鲜的水果蔬菜和鸡蛋，乡村妇女联合会（CWA，以下皆以此简称为替代）则捐出了肉类、兔子、糕点、在家制作的蛋糕和馅饼、奶制品、杏仁和果干。CWA成立于1929年，为农村地区的洪水、干旱和各种其他灾害受灾者提供援助服务，并在战争期间为军队供餐做出了突出贡献，

---

① 大自流盆地（Great Artesian Basin），位于澳大利亚大陆中部偏东，面积约为177万平方公里，是世界第三大盆地。位于其中心的艾尔湖是澳洲海拔最低点。在澳大利亚岩层上覆盖着不透水层，东部多雨，形成受水区，地下水流以每年11米到16米的速度流向西部少雨地区，承压水透过钻井或天然泉眼涌出地表。

在阿德莱德车站"加油小屋"（Cheer-Up Hut）里的军人，1943 年前后。

志愿者们和一位士兵在一间"加油小屋"对食物供给进行分类，阿德莱德，1945 年前后。

尤其活跃在火车站区域。[8] 在 7 月 4 日（不是感恩节），"加油小屋"总会为美国士兵提供一顿口味清淡的南瓜馅饼。

虽然此时的客运列车上已经有了餐车服务，但在部队列车上，餐车被认为是无关紧要的，取而代之的是列车加挂的运送军事设备的平车。部队要求携带一些个人补给品，例如腌牛肉和水果罐头，以在旅途中维持体力。不过在 1941 年 2 月，军方于阔恩建立了一间后勤食堂，向途经此地前往艾利斯斯普林斯的士兵提供伙食。列车会在这里停留两个小时，让士兵有足够的时间吃饭，但来不及享受一杯含酒精的饮料。在阔恩的四个酒馆的门口也都安排有陆军军警（MPs），防止士兵买酒。

部队在车站广场建起了习德·威廉姆斯小屋（呈波形，用金属板搭建），向士兵供应伙食。CWA 被要求在供餐时帮助发放一些额外的奢侈品，例如刚刚做好的三明治和斯康饼。这种安排并没有持续多久，因为军队很快就要求阔恩火车站完全承担起为部队供餐的责任。1942 年，随着部队移动的次数不断增加，供餐的地点不得不转移到位于阔恩椭圆形操场的纪念堂，以提供足够的服务空间。CWA 的成员使用部队提供的烤箱、铜锅（大煮锅）和食品容器，在一个与纪念堂相连的、直接建在土地上的窝棚里烹制食物。供餐时间不分昼夜，在任何天气下都有供应。根据一位澳大利亚皇家空军士兵所说，在经历了炎热、似乎无休无止的旅途后，"穿着碎花围裙"的农村妇女忙忙碌碌的样子是一幅大受欢迎的景象。这些男人们跌跌撞撞地从"移动的蒸笼"里出来，肚子咕咕作响，"迎接他们的是大帐篷下面一张三脚桌子上的美味佳肴……食物和饮料都是热腾腾的，非常新鲜，全是用闪闪发光的白色骨瓷餐具端上来的，而不是军队的金属餐具"。[9]

当时，在任何可能的时候都供应热的饭菜，包括炸鱼肉丸、肉汁、土豆泥和至少两种应季蔬菜。甜品通常是用蛋奶酱装饰的梅子布丁，这些梅子布丁是预先做好的，用干净的粗棉布包好，就挂在纪念堂的墙上备用。在热天，供应的是冷肉、沙拉和香蕉蛋奶酱，以及 CWA 成员自家花园里出产的当季水果。桌子上始终有新鲜的面包和黄油。虽然军方从 1944 年 9 月开始将澳大利亚产的蒸汽怀尔斯移动餐车加挂到了军队列车上，但 CWA 仍然为部队提供鸡蛋、水果和沙拉，这些物资会被运送到列车上。根据阔恩的 CWA 1944 年的年度记录，该协会在本年度为部队提供了 13.7 万顿伙食；到战争结束时，她们一共提供了 36 万顿伙食。[10]

在战争期间，每周运行一班配有餐车的客运列车，但乘客受到战时食品配给的限制。根据一份 1944 年的菜谱显示，乘客"只能享用与《1942 年国家安全管理条例——简化膳食令》相吻合的三道菜餐食"。

烤鲷鱼（作为主菜可供应 6 人份，作为前菜则可供应 10 人份）

1919 年，烤鲷鱼首次在澳大利亚的印度洋至太平洋列车上供应，是"甘"号列车 20 世纪 90 年代的标志性菜肴。帕迪·格林菲尔德是六七十年代"甘"号列车上的厨师兼钢琴师，他认为烤鲷鱼"非常可口"，从铁路公司退休多年之后还在家里做这道菜。

1 千克鲷鱼（一种肉质紧实的白身鱼）片，去骨去皮

2 个中等大小的洋葱，切细

2 个中等大小的番茄，切块

盐和胡椒

480 毫升牛奶

200 克新鲜的白面包屑

115 克融化的黄油

将鱼片置于一个涂了少许油的 30 厘米×20 厘米的烤盘中。将洋葱和番茄撒在鱼片上，并用盐和胡椒调味。将牛奶倒在鱼片上，让蔬菜可以顺流落在鱼片之间。将面包屑和融化的黄油混合，均匀地撒在鱼片上。在烤箱里用中火（190℃）无覆盖烤制 30 分钟。

切成 10 厘米见方的小块作为主菜上桌，或者切成较小的分量，作为头盘上桌。

南澳大利亚州的阔恩火车站。第 2、4 机枪营的成员手拿马克杯和饭盒在车站排队等候晚餐，1941 年前后。

澳大利亚皇家空军（RAAF）成员，正在吃"甘"号列车的怀尔斯移动餐车供应的伙食。可以在背景中看到"甘"号列车，1944 年前后。

怀尔斯移动餐车，1940 年前后。

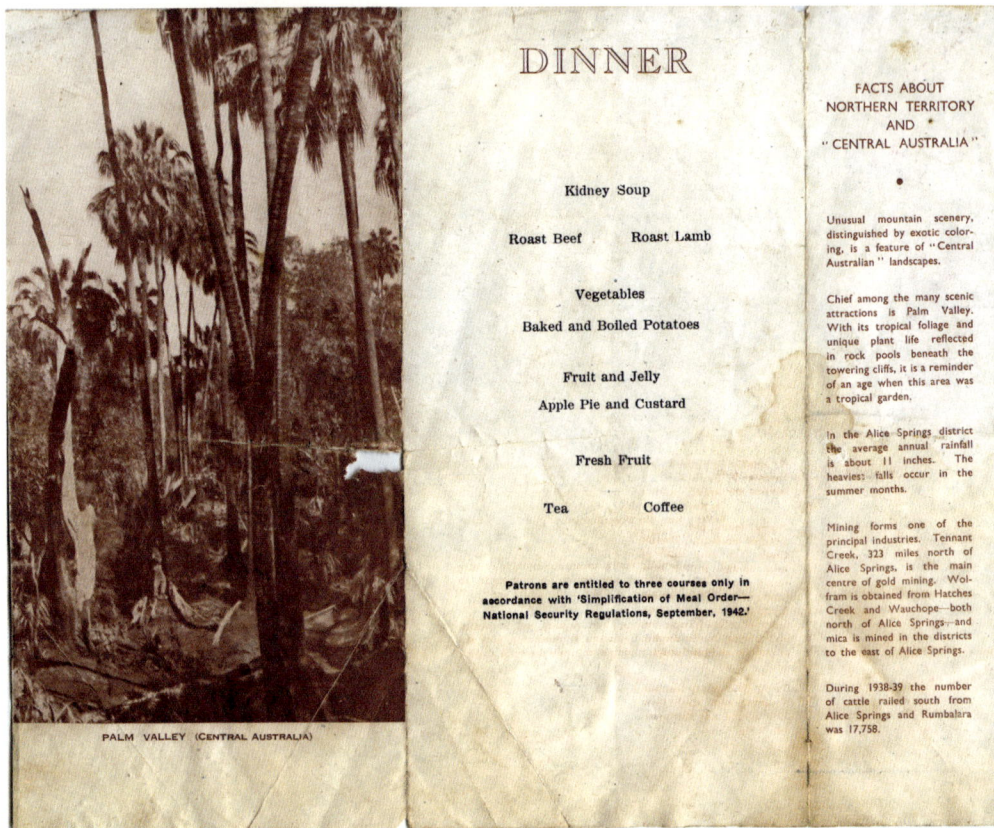

中部澳大利亚铁路公司的晚餐菜单，"甘"号列车，1944 年前后。

　　虽然澳大利亚在第二次世界大战期间成了同盟国的食品兵工厂，向英国输送肉类、食用糖、黄油和奶酪，并向超过一百万名美国士兵供应水果、蔬菜和澳大利亚牛肉，[11] 但是"甘"号列车上的客人仍然可以享用牛羊肉以及蔬菜和罐头水果。战后，澳大利亚结束配给制，"甘"号恢复了车上原有的餐饮服务，并且自 1956 年起给餐车配备了空调。

　　澳大利亚的饮食传统是非常英国化的。从"母国"传来的菜肴（稍作变化），是澳大利亚烹饪法的基础。此外，澳大利亚人在 1942 年获得了一项令人生疑的荣誉，成为世界上最大的肉食者国家，其肉类消费量几乎是美国的两倍，人均每年消费 97 千克肉类（这个数据还不包括兔子和袋鼠等）；他们比英国人喝掉的茶叶更多，每年人均消费 3.2 千克。[12]

　　20 世纪五六十年代的"甘"号列车上供应地道的澳式早餐。客人的选择包括水果蜜饯、燕麦卷、小麦饼干和玉米片、熏肉和鸡蛋、羊排和鸡蛋、猪肉香肠、羊肝和熏肉配土豆泥。在用餐过程中，乘客会喝掉不计其数的茶。晚餐时间，乘客可享用洋葱汤或

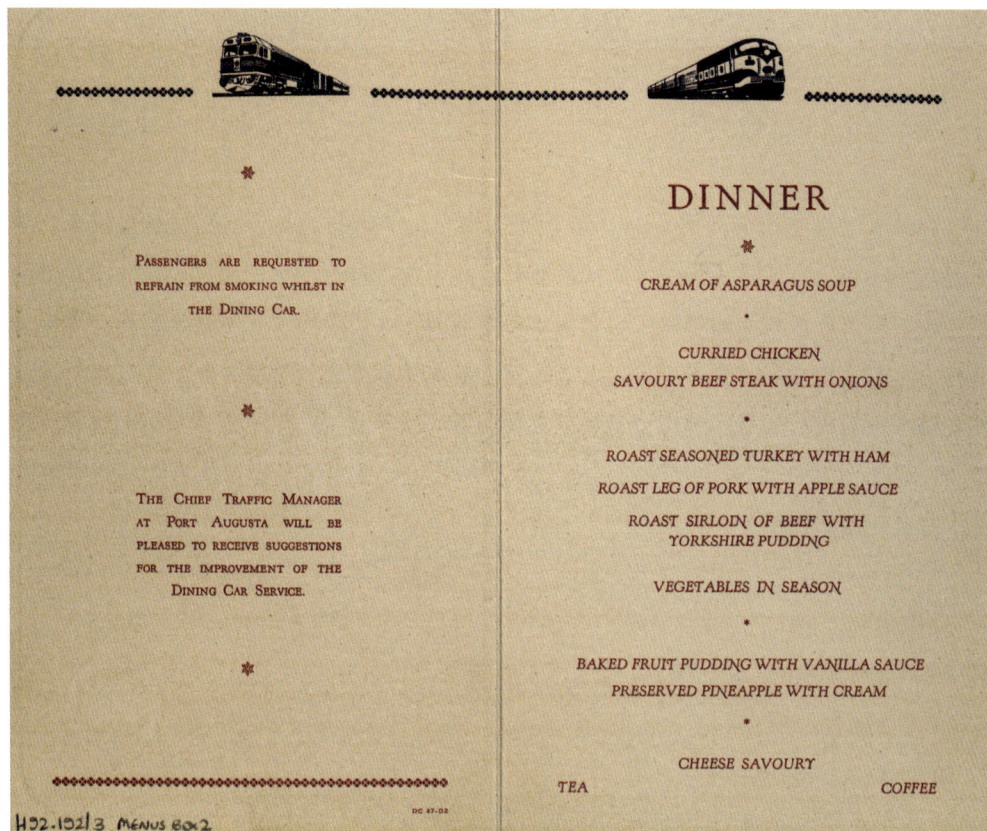

DINNER

CREAM OF ASPARAGUS SOUP

CURRIED CHICKEN
SAVOURY BEEF STEAK WITH ONIONS

ROAST SEASONED TURKEY WITH HAM
ROAST LEG OF PORK WITH APPLE SAUCE
ROAST SIRLOIN OF BEEF WITH
YORKSHIRE PUDDING

VEGETABLES IN SEASON

BAKED FRUIT PUDDING WITH VANILLA SAUCE
PRESERVED PINEAPPLE WITH CREAM

CHEESE SAVOURY

TEA   COFFEE

PASSENGERS ARE REQUESTED TO
REFRAIN FROM SMOKING WHILST IN
THE DINING CAR.

THE CHIEF TRAFFIC MANAGER
AT PORT AUGUSTA WILL BE
PLEASED TO RECEIVE SUGGESTIONS
FOR THE IMPROVEMENT OF THE
DINING CAR SERVICE.

澳大利亚联邦铁路公司的晚餐菜单，"甘"号列车，1960 年前后。

者混合蔬菜汤，第二道菜是烤鲷鱼或者水煮鱼配香芹酱，可以选择的主菜包括烤火鸡、西冷牛排配约克夏布丁、羊肉、猪肉配苹果酱。配菜是或烤或煮的土豆、绿豌豆或者花菜，甜点则包括苹果馅饼和奶油、烤大米蛋奶酱或者葡萄酒海绵蛋糕，然后是水果、坚果、奶酪和咖啡或茶。

　　帕迪·格林菲尔德曾于 20 世纪六七十年代的老式"甘"号列车上担任厨师。在 2006 年的一次采访中，格林菲尔德回忆道，在他给"甘"号列车工作的那些年里，菜单并没有太多改变。菜单和菜谱的内容不变，但菜谱是成组的，以组为单位每六个月左右轮换一次。大多数乘客都是常客，他们喜爱这种菜单的可预见性。乘客们尤为喜爱烤鲷鱼作为鱼类前菜，咸香辛辣口味的烤火鸡配烤土豆、豌豆与胡萝卜作为主菜，柠檬酥皮馅饼作为甜品的组合。当人们眼中"稀薄无味"的煮鱼肉代替烤鲷鱼的时候，乘客们则会相当恼火，格林菲尔德叙述道。菜单上的其他项目包括汤、华尔道夫沙拉、羊肉和绿豌豆馅饼、羊肉砂锅，以及牛排和腰子馅饼。[13] 格林菲尔德说，为了供一百位乘客就餐，"甘"号列车为为期两天的旅途装载了 50 千克火鸡（整鸡）、40 千克猪肉、40 千克羊肉、

梅子布丁（8人份）

在第二次世界大战期间，CWA在阔恩火车站向澳大利亚和美国部队提供伙食。其中包括梅子布丁，实际上这是一种用黑葡萄干和无核小葡萄干做成的澳大利亚圣诞节传统美食。但配蛋奶酱的梅子布丁全年都作为甜品向士兵们供应。纪念堂里甚至挂着预先做好的布丁，用粗麻布包好备用。因为战时食品配给制带来的食材限制，所以比起通常在圣诞节吃到的，这是一种略欠精致但更加实惠的梅子布丁。无论如何，半杯朗姆酒或者白兰地会为这份菜谱增色不少。（请注意：乡村妇女通常用早餐杯来量食物，这种杯子比高级的茶杯要稍微大一些。）

2早餐杯（280克）自发面粉

1早餐杯（140克）红糖

1茶勺小苏打

1早餐杯（140克）无核小葡萄干

1早餐杯（140克）黑葡萄干

1茶勺融化的黄油

1茶勺固体动物脂肪，或者代替品

1个鸡蛋，搅打

60毫升开水

液体蛋奶酱，上桌时使用

将所有干食材、融化的黄油和动物脂肪置于一个中等大小的陶瓷碗中。加入搅打后的鸡蛋和足够的开水，形成一个稠厚的面团。充分搅拌之后把面团擀平。在混合物面团的表面撒上面粉，然后用一张圆形烘焙纸（羊皮纸）包裹好。用铝箔纸覆盖陶瓷碗，留出5厘米的余地叠好。用线固定铝箔，然后把碗放置在室温下过夜。第二天早上蒸5个小时，准备上菜时再蒸1小时。上菜时浇上一层薄薄的液体蛋奶酱。

35 千克牛肉。⁽¹⁴⁾所有餐费都包含在往返车票中，1963 年的一等座票价是 32 镑 18 先令，二等座则是 23 镑 1 先令^①（按照现在的货币单位，分别是 881 澳元和 636.60 澳元）。⁽¹⁵⁾

战后，澳大利亚人的口味开始发生变化。海外旅行的经验以及从备受战争摧残的欧洲前来的移民，都拓展了澳大利亚烹饪的广度。虽然在很大程度上仍以肉类为主，但一些比较具有"异国风味"的菜肴还是在 20 世纪 60 年代进入了"甘"号的菜谱，比如用芹菜、洋葱和苹果制作的"西班牙牛肉"，用洋葱、辣椒粉、白葡萄酒和奶油搭配米饭端上桌的酱牛肉，"墨西哥牛肉"，意式猎人烩鸡肉，以及配米饭的牛肉砂锅。⁽¹⁶⁾根据凯利警官所说，意大利面还是一种新鲜事物。⁽¹⁷⁾不过，帕迪·格林菲尔德为列车上的司乘人员供应意大利肉酱面和意式烩饭，虽然这两道菜从来没有出现在乘客的菜单上。据列车经理格雷格·费舍所言，烤肉（牛肉、羊肉、猪肉、鸡肉、火鸡肉）配应季蔬菜，然后上柠檬酥皮馅饼，直到 20 世纪 80 年代都还是"甘"号上最受欢迎的晚餐选择。费舍在"甘"号上工作了 43 年，并且曾经担任格林菲尔德的厨房助手。午餐时间，剩下的肉和一批可供选择的沙拉会一起作为冷食供应。早餐又全部是肉。⁽¹⁸⁾

20 世纪 70 年代以前，斯图尔特高速公路——现在是一条铺设并延伸约 3000 公里的平坦道路，跨越澳洲大陆的广阔平原——还是一条少有人行走的土路。所以，如果不考虑铁路线的情况，乘火车前往或者离开艾利斯斯普林斯被认为是最快捷安全的方式。和今天一样，当时的"甘"号列车提供一节运输乘客车辆的货运车厢，以便在目的地使用。然而，和现在不同的是，20 世纪 80 年代之前的乘客大多数不是游客，而是内陆地区的居民。他们乘车去内陆地区的站点（大型牧场）工作，或者去阿德莱德出差、看病、探亲。对于很多从"荒野"地区来的人而言，搭乘"甘"号是"澳大利亚最好的旅行之一"⁽¹⁹⁾。正如卡尔·彼得宁评论的那样，当他和家人在 1955 年乘坐"甘"号列车的时候，虽然"（车厢外）尘土飞扬，但'甘'号就是一片移动的绿洲，仿佛天堂一般"⁽²⁰⁾。可是，在最开始的"甘"号列车线路上旅行并不总是愉悦舒适的。

澳大利亚内陆地区是一片严酷无情的土地，地貌极端。由于高温使轨道变形，枕木受到白蚁破坏，会引发列车脱轨事故。暴烈的洪水时有发生，冲刷平常干涸的河床并泛滥到低洼处的沙漠平原上，常常会冲断铁轨。在铁路上游移不定的沙子以及尘暴和火灾，也是乘客和司乘人员遭遇的危险中的一部分。因此，"甘"号列车经常无法正点运行，延误很长时间——有时候甚至会长达两周。对于在夏季乘坐无空调列车的旅客来说，任何原因造成的延误都是令人不适的。

---

① 澳大利亚镑（Australian Pound），1910 年至 1966 年间澳大利亚所使用的货币，后被澳大利亚元取代。

烤羊排（每人 3 或 4 块羊排）

大南方铁路公司的高级厨房主管约瑟夫·科比亚克启发了这道菜的创作灵感。准备烤羊排时，需要用蛋奶酱和澳大利亚荒野杜卡调料。杜卡是一种香料和坚果的混合物，由澳大利亚荒野地区的本土食材制成，其中包括滨藜①。四处蔓延的蓝灰色滨藜灌木丛在澳大利亚广袤的内陆地区随处可见，乘坐"甘"号时也能看到。

2 块羊排（500 克 / 块）

4 汤勺第戎芥末

4 大汤勺澳大利亚内陆杜卡调料（混合了磨碎的夏威夷果、澳洲金合欢籽、柠檬香桃②、捣碎的滨藜叶），或者其他更中意的杜卡调料混合物

将羊排放置在烤架上，用高火灼烧后将芥末擦在肉上，然后再撒一层杜卡。在预热的烤箱里用 180℃烤 20 分钟，直到肉烤至四分熟。

把羊排放在上菜用的盘子里静置 10 分钟，然后将每块羊排切成 3 到 4 小块。上桌时配法式反烤红洋葱挞（见本书第 150 页）、绿豌豆泥和红葡萄酒酱汁（用牛肉或者小牛肉、红葡萄酒、洋葱和大蒜、红糖和黄油在高火上加热变稠制成）。

---

① 滨藜（saltbush），一种苋科滨藜属的植物，生长于海拔 300 米至 2900 米的地区，多生长于海滨、轻度盐碱湿草地和沙土地上。

② 柠檬香桃（lemon myrtle），桃金娘科，自然分布于澳大利亚昆士兰的热带森林中。

在延误的情况下，"甘"号列车会提供装载的"配给罐头"——腌牛肉、烤豆子、蔬菜和水果的罐头——以及成袋的土豆、卷心菜和胡萝卜，这些食物平时保存在一个没有冷冻设备、镀有铝箔的"冷藏室"里。有时配给罐头消耗完了，就不得不在当地采购食物。凯利警官回忆道，芬克河发生洪灾时，"我们养着300头羊，既产肉也产奶。有一次'甘'号上的食品储备不多了，我们就向他们提供了一头，给乘客烤着吃。他们说从来没有吃过比这更好的羊肉"[21]。（在那个时候，很多澳大利亚人都不熟悉羊肉的味道。）在"甘"号因为晚点停车的时候，从当地牧场送来屠宰好的牲畜供乘客和司乘人员食用是司空见惯的事情。此外，列车上总是带着来福枪，以便在食物短缺的时候猎取野山羊和灌木里的火鸡，为乘客提供伙食。每当发生严重延误，轻型飞机都会空投肉类、面包和土豆等补给。如果列车停在有酒馆的侧线附近，比如威廉溪这样的地方，当然是一个极大的优势。列车曾经一度在南澳大利亚州的威廉溪附近滞留了十天，酒馆被乘客和司乘人员豪饮一空。[22]

机车上的司乘人员被要求自带食物，包括应急伙食。长途列车司机基思·伊斯特恩曾经在1937年至1974年间驾驶了37年"甘"号列车，在他的书《"甘"号和这条铁路上的工人》中，伊斯特恩如此回忆了旅途中需要的补给：

我们都带着一个很大的食物箱，尺寸大约为61厘米×46厘米×46厘米，是用马口铁做成的，一侧有个小架子，用来放刀叉、勺子、盐和胡椒，以及其他小东西。我们用一条皮革背带把它背在肩上。

当建议的注意事项（驾驶列车注意事项）发下来时，我们的妻子、公寓或者酒店的工作人员就会打包我们的食物箱。食物箱里会有两片面包、茶叶、砂糖、半磅黄油（包在粗棉布里以保持较低的温度）、番茄酱、泡菜、成罐的甜菜、炼乳，通常还有熟羊腿或者牛腿、两磅牛排和几个鸡蛋。当然还有配给罐头，以防延误、脱轨和铁轨被水冲走等等情况，通常包括罐装腌牛肉、烤豆子和水果罐头等等。此外，我们还有装满土豆、卷心菜和胡萝卜等蔬菜的口袋。出发之前，我们还会带上家人或者我们住的公寓制作的蛋糕和饼干。如果这些都吃完了，那你只能"勒紧裤腰带"了。

当人们无法再忍受洪水和脱轨导致的延误，计划修建新的标准轨铁路的时候，测量员避开了以往的线路。早在1958年就引进的新型柴油—电气机车取代了破旧不堪的老式蒸汽机车，让变换路线成为可能。此时列车在运营中不再需要加水，得以选择一条干燥得多的线路从塔库拉驶向艾利斯斯普林斯，总长839公里。1980年，为了给新建的、配备防白蚁的水泥枕木的标准轨铁路让出位置，过去的"甘"号铁路最终被废弃。新铁

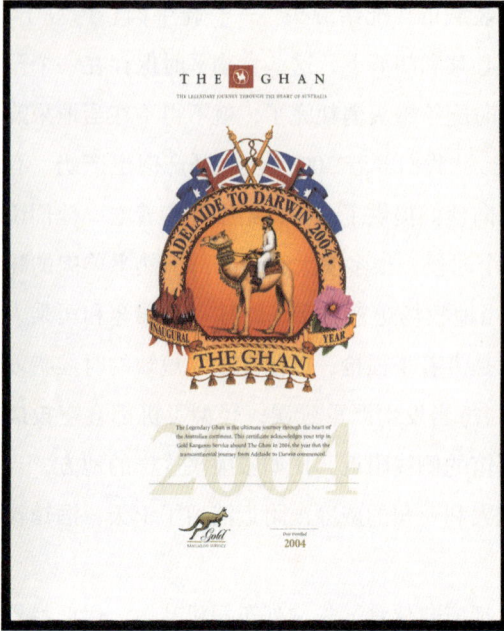

颁发给在启用之年乘坐过传奇级"甘"号列车的乘客的证书，2004 年前后。

"甘"号上的菜单，以展现澳大利亚不同地区多种多样的食物作为特色，2015 年前后。

在"甘"号的餐车中准备一餐，2015 年前后。

澳洲金合欢籽意式面卷。

轨更加偏向西部，以减轻在艾尔湖盆地遇到的洪涝问题。老式的"甘"号列车停止运营后，取而代之的是现在的传奇级豪华"甘"号列车。

直到 2004 年初，这条铁路线才修到达尔文，最终通过铁轨将这个城市和澳洲大陆的其他部分连接起来，填补了一项重大的交通空白。这条铁路的延线受人期待已久，完工意味着它将成为澳大利亚唯一一条南北向的跨大陆铁路大动脉。2004 年 2 月 1 日，"甘"号开启了首次长达 2979 公里的跨大陆旅程，于 2 月 3 号抵达达尔文。

在这三天两夜的旅途中，新型的豪华"甘"号列车的平均时速是 85 公里，但其最高时速可以达到 115 公里。列车的柴油—电气机车有两节，但只需要使用其中一节来带动列车，另外一节是在沙漠中发生损坏时的备品。机车平均要带动 30 节客运车厢，此外还有司乘人员车厢、4 节餐车、4 节酒廊车以及动力车厢。我在 2015 年搭乘"甘"号的时候，列车几乎有 1000 米长。取决于季节不同，金等座的旅客需要付出 1709 澳元，白金等座的票价则是 3599 澳元，包括所有的餐食和饮料，以及在艾利斯斯普林斯和凯瑟琳下车短途观光的费用。

八月到十月间，大南方铁路还会提供一项搭乘"甘"号列车的四天三夜探险活动，从达尔文出发，经库伯佩迪前往阿德莱德。库伯佩迪是一座采掘蛋白石的小镇，位于南澳大利亚州。镇上的居民大部分是希腊后裔，90% 的居民因为炎热的天气居住在地下"掩体"中。乘客可以在位于地下的蛋白石矿中享用希腊式美食。在艾利斯斯普林斯，乘客可以体验布置在令人惊讶的河床采石场里的内陆荒野烧烤，能吃到牛排、沙拉、面包和家常风味的苹果馅饼。"甘"号探险的白金级服务价格是每人 4299 澳元，黄金级服务则是每人 3199 澳元。

"甘"号连接起了阿德莱德和澳洲另一端的达尔文，穿行在无垠的深蓝天空和纷繁多样的地形之间：从南澳大利亚州和缓而连绵起伏的牧场——它们融入崎岖不平的桉树丛林中——到已存在了 3.5 亿年、参差不齐的麦克唐奈山脉，再到沙漠里广阔平坦的红土地貌，宏伟的白蚁丘，最后抵达凯瑟琳和达尔文长有热带绿色植物的区域。这个区域常常被称为北部顶端地带（the Top End），列车在这里驶过热带水果种植园、红树林沼泽，以及流淌向帝汶海① 的小河。沿途，乘客可能会亲眼看到独行的母牛，或者一头在内陆地区漫游的野骆驼，那是 20 世纪 20 年代阿富汗驼夫放归自然的骆驼的后裔。日落时分，天空一片橘红，袋鼠就在视线中跳进跳出。

---

① 帝汶海（Timor Sea），位于帝汶岛和澳大利亚之间，西面是浩瀚的印度洋，东接阿拉弗拉海。

法式反烤红洋葱挞（6人份）

这道法式反烤红洋葱挞的灵感，来自大南方铁路公司的高级厨房主管约瑟夫·科比亚克。它是经典法式反烤苹果挞的咸香版。

2个大红洋葱，去皮
30克黄油
1茶勺精白砂糖
2汤勺红酒醋
1茶勺切碎的新鲜百里香
盐和现磨黑胡椒粉
1包（375克）全黄油起酥蛋挞皮
1个蛋黄
2茶勺牛奶

切掉洋葱头和洋葱底，将每个洋葱横向切成3块厚圆片。将黄油和砂糖一起置于煎锅中加热，直到砂糖融化，然后加入红葡萄酒醋、百里香、盐和胡椒，继续翻炒几分钟。

给烤盘铺上烘焙纸（羊皮纸），然后将6块洋葱片放在烤盘中。给洋葱片刷上黄油混合物，并用烘焙纸包好洋葱，以防粘在烤盘上，然后用铝箔将烤盘裹紧。在预热后的烤箱中，用170℃烤40分钟或烤到洋葱变软为止。从烤箱中取出烤盘，去掉烘焙纸和铝箔，把洋葱放置到完全冷却。

将蛋挞皮切成6个圆片，每个圆片的直径要比洋葱圈大2厘米。将蛋挞皮分别置于每片洋葱片上方，披好边边角角。在蛋挞皮的上方划一个小叉，让蒸汽可以出来。在一个小碗里打发蛋黄和牛奶，把打好的蛋液刷在蛋挞皮上。在预热后的烤箱中，用220℃烤制，直到蛋挞皮变成金棕色。

将红洋葱挞从烤箱中拿出来，冷却几分钟。上桌时，用一个翻蛋器小心地将其翻转过来，让蛋挞皮处在底部，洋葱翻到上面。

一旦太阳落山，就是晚餐的时间了。"内陆探险者酒廊"开始供应夹鱼子或小鱼的烤面包，前往餐车用餐的铃声随即响起。进入"阿德莱德女王"餐车之后，和 60 年前的朱恩·威廉姆斯一样，我震惊于它华丽的旧世界式的魅力。餐车里有 48 个乘客座位，总计有 6 次错开的就餐时间，供应早餐、含 3 种选择的午餐和 4 种选择的晚餐。如果乘客们愿意，他们当然可以独自进餐，但无论哪一顿饭，最重要的都是他人的陪伴。很多人都会选择与新结识的旅伴一起分享对旅行和发现的热情。

大南方铁路公司的高级厨房主管约瑟夫·科比亚克，以及他手下总计 24 位大厨组成的团队，将穿越大陆核心地区的冒险转变成了发现美食和美酒的奇遇。烧烤唱主角的日子已经过去了。相反，在"甘"号菜单上占据主要位置的是来自澳大利亚特定产区的新鲜食材，以及来自指定葡萄酒产区的酒类。通过菜单，确认了澳大利亚的不同气候和纷繁多样的食物产区。值得一提的是，科比亚克最近聚焦于本土食材，那些数千年来滋养原住民，却被欧洲裔澳大利亚人忽视的独特动植物。现在，本土食材贯穿于每一份菜单。今天，搭乘"甘"号已经成为一趟长途美食之旅。

在列车狭窄的厨房里，两位勤奋的车上大厨烹制了这场移动的盛宴。因为"甘"号的储存和冷藏空间有限，并且只有一个炉灶台面、一个烤架和两个烤箱，因此酱料是根据大南方铁路公司的菜谱提前做好的，食材预先量好分量并切好，土豆也要去皮备用。其他食材都是新鲜现做的，包括香料。[24]

菜单让乘客有机会品尝南澳大利亚州不同食材产区的风味，比如南澳大利亚州水域的海鲜、弗勒里厄半岛或者石灰岩海岸的奶酪，以及巴罗莎地区的腌肉。在午餐和晚餐的三道主菜中（其中还必有一道素菜），可能会有由来自北部顶端地带的尖吻鲈或者淡水鳄制成的香肠，南澳大利亚州牧区的安格斯牛肉或羊肉，以及纳拉伯平原的袋鼠肉。滨藜是一种普通的沙漠植物，过去常被澳大利亚原住民用来制作丹波面包①，现在则被用来制作杜卡——一种混合了香料与坚果的调料——以及法式布里欧奶油蛋卷。虽然菜单上没有了传统的烧烤，但柠檬酥皮馅饼依然是人们最爱的甜品。其他甜品则包括用西番莲、柠檬山杨（一种本土水果）和椰子制成的蛋糕并配以西番莲果酱，还有澳洲金合欢籽酥皮意式面卷，配糖渍草莓和小红莓果酱。早餐和午餐同样吸引人：产自澳大利亚南海岸的热带水果和当地水果做成的沙拉，淋上野生浆果萨尔萨酱和奶油的薄烤饼，巴罗莎火腿，以及一种特别的放纵享受——比利时巧克力华夫饼配草莓、巧克力酱和双倍奶油（浓奶油）。所有餐食都有来自澳大利亚不同产区的葡萄酒为其增色，并且工作人员都是帮助乘客选用美酒配餐的专家。

---

① 丹波面包（damper），一种传统的澳大利亚苏打面包，是标志性的澳大利亚食物。

"甘"号列车穿过麦克唐奈山脉，驶向澳大利亚中部的艾利斯斯普林斯，2009 年前后。

　　每个大陆都有各自的传奇铁路，围绕这些铁路的建设及其历史地位而留下的传说，时至今日仍是最为伟大的叙事之一。"甘"号是属于澳大利亚的伟大故事。在全世界穿越大陆、连接位于广阔土地两端城市的著名列车中，"甘"号也是独一无二的：它是唯一一列南北向、经过颇具标志性的澳洲内陆地区的列车。[25] 在其一百五十年的历史中，"甘"号从一列蒸汽动力、没有空调、供应"昔日烧烤"的列车，演进成了提供豪华长途美食之旅的列车，展示着澳大利亚多种多样、具有地区风味的美食。

在"甘"号的"阿德莱德女王"餐车享用午餐。

日落时分，夜幕降临在"阿德莱德女王"餐车上。

停在日本福冈县博多车站站台的新干线列车（"子弹列车"）。

速食：
在日本的"子弹列车"上品尝便当

梅丽·怀特

    虽然日本列车上的餐车服务在 20 世纪 70 年代画上句号，但是有些你在日本能吃到的最好的东西仍然是在火车上——是著名的"子弹列车"以时速 320 公里疾行穿过乡间时，那些盛在可折叠收起的托盘上的食物。

    日本的超高速新干线列车在半个多世纪前的 1964 年开始运营。[①] 在此约一百年前，日本就已经修建了铁路，以输送人群、货物，并传播现代国家的思想和现代人应该处于何种状态的理念。然而在日本，连接美食与铁路的方式却与世界其他地方都不一样。人们在火车上吃的是不断变化、形形色色的"车站便当"，通过便当展现日本饮食一以贯之的本地特色与顺应季节的重要性。今时今日，在现代化、全国统一的铁路系统中用餐，传递的不是日本这个国家的一致性，而是以此赞美日本不同地区的口味并留存了往昔的时光，体现着极其丰富的多样性。

    在相对与世隔绝了几百年后，世界其他地方的工业化和社会发展惊醒了日本的领导人，让他们感到必须奋起直追。明治时期（1868—1912）带来了各种国外思想和技术的冲击，刺激日本投身于现代世界。这种体现在现代交通形式中的"异国性"，看起来强大而有力：当第一列列车出现在 1872 年的日本时，它是工业现代化的象征，并且代表了日本追赶西方所需要的速度。火车在铁轨上呼啸而过，将人们从已知的地方带向未知。人们匆匆经过的地方寂寂无闻，反衬了列车的现代摩登。乘客成为日本国家现代化大计的一部分，似乎超越了地区居民的位置；有着鲜明特点的地区被速度变得模糊不清，成了单纯为急速前行的列车铺设轨道的土地。

    日本的第一列列车奔驰在新桥和横滨[②]之间。对于 20 世纪即将到来时的日本人而言，这是两个充满新鲜事物的地方。新桥位于今天的东京银座附近。1905 年时，新桥容

[①] 在本书中，新干线时而指现由 JR 集团经营的日本高速铁路及其线路网，时而指在此类路线上运行的不同型号的高速列车。新干线以外的日本铁路称为"在来线"（意为既有干线）。——编注

[②] 横滨于 1859 年开港，属于日本最早开放的那批港口城市，并发展成为日本三大贸易港之一，且具有相对来说较为西洋化的风貌。——编注

纳了大量"西式"店铺，包括干货店、咖啡馆和餐馆。与列车相仿，咖啡馆给城市居民带来了许多新奇的食物和体验，从意大利面到海绵蛋糕等等。

在运送乘客之外，列车还在地区间输送报纸和杂志等新式印刷媒介，从新兴的大都会东京运往内陆腹地，提供了一扇通向时尚和装潢、工作和娱乐中新生事物的窗户。尽管这些货品和活动（例如坐在城市咖啡馆中品尝咖啡），对东京之外的大多数人而言都是可望不可即的，但这条连接了横滨港和东京的铁路让新的货品和新的人群前往东京成为可能。一个新的城市消费社会就此成长起来：此时的家庭，想要他们在报纸杂志上看到的一切，包括波波头和无袖直筒连衣裙、西式餐桌、电气、自行车，还有乘坐火车的机会。

但是，因为日本领导人使用的是一种独特的日本化手段，即"和魂洋才"（东方的精神，西方的技术），从发达的西方国家所提供的种种选项中进行了选择，所以传播到日本的现代性与西方不同，并且以不同的方式进行发展。他们要创造的现代日本是和式的，而非西式的。沿着铁路疾行的新型日本人应当是现代人，但不是西方人。

日本工业化的过程并不平衡。比方说，收入微薄的产业工人在当时很少乘坐火车。但对于能够承受铁路旅行费用的人而言，火车创造了丰富多样的体验，将通常身处不同地区、难以相遇的人们带到了一起。铁路旅行的新奇还在于学习别人的思维方式。到了20世纪20年代，像广播这样的技术和媒介也有助于日本社会的某些方面变得均质化，同时允许其中有所差异。

但无论如何，列车上仍然存在着其他差异，尤其是在社会经济等级方面。最初，取决于支付能力不同，列车上有三种旅行车厢等级：一等、二等和三等。最早期的列车上本来没有座位，但在1875年初，乘客们可以使用座布团（日式坐垫）。[①]列车并不豪华，它提供的唯一享受是相对于当时其他交通形式而言的快捷速度。

一开始，列车上不供应食品和饮料，部分原因是拉动列车的蒸汽发动机烟雾缭绕，使得单单在客运车厢就座都很不舒适，更不要说用餐了。第一份针对列车供应的站台食物是在何处产生的，历史学家们并没有达成一致。但我们确实知道的是，1885年7月16日，坐落于东京以北约127公里处的栃木县白木屋旅馆，开始向旅行者提供小吃，主要是手握饭团：一种深受喜爱的旅行、野餐和节日食物。饭团用黑芝麻来调味，裹在竹叶里，中间包着腌制过的梅子和腌萝卜干，售价5分（当时约等于2.5美分）。在出售"第一批车站便当"，或者说第一批车站食物时，另一个竞争者是1883年或者1884年位于东京以北60公里的熊谷火车站。据说那里向乘客售卖寿司和面包（不搭配出售）。

---

① 日本铁路于1872年正式开业，其车厢按照欧洲标准划分为上、中、下三等，即后来的一等、二等、三等。各个车厢都有座席，但并不都有椅垫，故而在1875年开始有人贩卖座布团，供乘客购买使用。此处疑为作者信息有误。——编注

渍物（腌蔬菜）（约6份，每份2汤勺）

渍物由使用各种不同的反映地域和季节的食材制作，每一顿日式餐食中都伴随着它的存在。渍物中有许多和下面菜谱里写的一样，是"快速腌菜"，可以在制作的当天食用。这道菜谱结合了许多不同色彩的蔬菜，以烹制一道既在视觉上有吸引力，又有爽口味道的菜肴。

1个大白萝卜，去皮

3个大胡萝卜，去皮

2条无籽黄瓜（或者4到5条日本黄瓜），去皮，但不是全部削干净，而是留下竖条纹

2汤勺海盐（分开使用）

60毫升米酒醋

1汤勺糖

1茶勺盐

1汤勺芝麻油

2汤勺黑芝麻，在煎锅中烘烤过，用作装饰

将白萝卜和胡萝卜切成约5厘米长的小细条，置于滤盆中，用1汤勺海盐拌匀。把滤盆放在一个碗上，滤干水分，约需40分钟。如果使用无籽黄瓜的话，对半切开，刮掉瓜瓤。将黄瓜也切成5厘米长的小细条，与白萝卜和胡萝卜一样。撒上剩下的1汤勺海盐，放在另外的滤盆中滤干，约需20分钟。

在一个小平底锅里慢煮醋、糖和1茶勺盐，直至糖融化，然后加入芝麻油。把锅从火上移开，冷却至室温。

漂洗所有的蔬菜，去掉多余的盐分，滤干，用纸巾吸干蔬菜上的水分。在一个玻璃碗里面将蔬菜和醋汁拌匀，上菜前在室温下放置3个小时。

这些腌菜在第二天食用风味更佳（冷藏可以保存4天）。上菜时保持冷冻或者室温，撒上烘烤过的黑芝麻。

1888年，在东京西南620公里的姬路市，开始出售全餐形态的车站便当。这是一盒耗费人力且品质很高的食物，其中有烤鲷鱼、鸡肉、鱼糕、伊达卷（一种甜味蛋卷）、金团（糖渍的甜薯和栗子）、土当归（甘松，或称为"日本芦笋"）、百合，以及奈良渍（以奈良城的方式腌制的蔬菜）。这般给人留下深刻印象的车站便当很快就流行开来。在东京以北83公里的小山市，出售的车站便当里除了米饭和腌菜之外，还包括炸豆腐和鸡蛋。19世纪80年代末期，在宇都宫市可以买到豪华的盒装便当（而不只是用竹叶包着食物），包括玉子烧（蛋卷）、鱼糕、香菇、盐渍葫芦卷、牛蒡、黑豆、腌白萝卜、味增渍（味增腌制的黄瓜）。此外还有经过炒制和轻微腌制的应季香鱼。价格从相当便宜的5分钱手握饭团配腌菜，到30分（约等于15美分）的全餐不等。从19世纪80年代晚期到19世纪结束的这段时间，被认为是车站便当的黄金时代。

车站便当是一种形式专门、提前准备好的食物，通常供一个人食用，装在一个便携、便利与适合高速旅行时使用的容器中。车站便当里的食物足以充当一顿完整的餐食。和其他日本料理一样，餐食里的所有食材是一起端上桌的（正式的怀石料理除外，是在传统的茶道仪式前一道接一道端上桌的）。车站便当必须和正式餐食一样，展现出色、形、质、香和味方面的多样性原则。外观，即经过精心设计的便当盒的重要性，是至高无上的。视觉效果最为重要："用眼睛吃饭"，是制作日本料理的基本信条。

虽然第一批在列车上出售的并不是"西式"食物，但盒装三明治不久就开始大受欢迎。这些盒装三明治于1899年首次在东京以南60公里的大船车站售卖，被称为西洋便当或西式便当，包含了各种各样被改良成日本口味的西方食物。大船三明治便当有两层：上层是面包和黄油，下层是蛋卷、火腿、烤牛肉和腌菜，让乘客动手做成三明治。这在当时来说是相当划算的：只需35分（约等于17美分）。切掉外皮的三明治面包，有可能包裹的是炸猪肉或者土豆炸肉排，甚至是面条。

在日本列车的早期时代，这些在车站购买的食物大受青睐，销售者之间的竞争也相当激烈，因此明治政府在1894年出台的针对所有在火车站开展商业活动的法规中，专门制定了一系列关于车站便当销售的规则，将安全、价格和售货员制服等方面的标准编订成了法律条文。[1]这些法规早于全国性的铁路系统出现，是后者的先声。日本的全国性铁路系统创建于1906年，直到1987年开始民营化才进行了分割。

日本铁路在1899年引入了餐车，但只对一等座和二等座的乘客开放。有人认为"很多三等座乘客行为粗鄙，会冒犯到一等座和二等座的乘客"[2]。19世纪晚期，日本出现了新兴的中产阶级，这些行为举止不受旧式精英们认可的"成金"（暴发户）出现在餐车里。最终，餐车里的列车等级秩序在1901年彻底消失，只要能够承受餐费，三等座的乘客也能加入用餐者的行列。餐车供应的大多是西式食物，因为其制作比日式料

——— in operation
——— in operation (Mini-Shinkansen)
·········· under construction
········· planned

——— JR Hokkaidō
——— JR East
——— JR Central
——— JR West
——— JR Kyūshū

HOKKAIDŌ SHINKANSEN

AKITA SHINKANSEN

YAMAGATA SHINKANSEN

JŌETSU SHINKANSEN

TŌHOKU SHINKANSEN

HOKURIKU SHINKANSEN
(NAGANO SHINKANSEN)

CHŪŌ SHINKANSEN

SAN'YŌ SHINKANSEN

TŌKAIDŌ SHINKANSEN

KYŪSHŪ SHINKANSEN

Sapporo · Shin-Hakodate · Shin-Aomori · Hachinohe · Morioka · Akita · Sendai · Fukushima · Niigata · Nagano · Tōyama · Kanazawa · Fukui · Tsuruga · Kyōto · Shin-Ōsaka · Shin-Kōbe · Nagoya · Gifu-Hashima · Ōmiya · Tōkyō · Shin-Yokohama · Kokura · Hiroshima · Okayama · Hakata · Shin-Tosu · Kurume · Chikugo-Funagoya · Shin-Ōmuta · Shin-Tamana · Kumamoto · Shin-Yatsushiro · Shin-Minamata · Izumi · Sendai · Kagoshima-Chūō · Takeo-Onsen · Ureshino-Onsen · Shin-Ōmura · Nagasaki · Isahaya

0   200   400   600   800   1,000 km

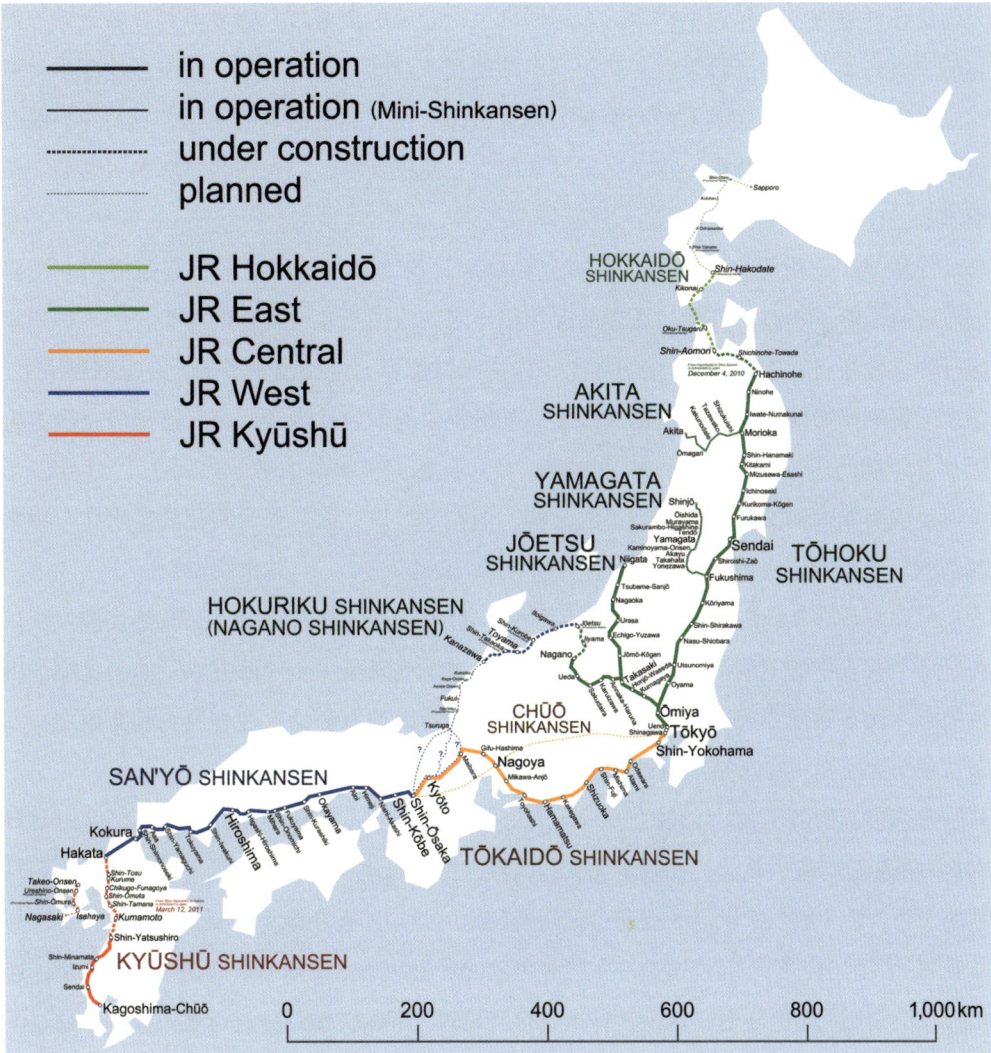

新干线路线图，2004 年至 2010 年。

理简易，需要的烹饪空间也较少。餐食是由"日本食堂"这唯一一间公司供应的，这间餐饮公司与铁路方面订立了合同，曾一度垄断铁路供餐，直到 1953 年。

20 世纪 20 年代有时被称为车站便当的"第二个黄金时代"，此时既会用西式食材制作日本料理，也会用日本食材来烹制西式餐食。日式三明治的馅料包括火腿和奶酪或者是鸡蛋醋沙拉（使用以米醋制成的丘比牌蛋黄酱，比西式蛋黄酱的味道更清淡），有时甚至有草莓。临近 20 世纪 20 年代时，车上可以吃到一些甜味小吃，其中包括豆沙面包，一种蒸制的面包甜点，内馅是加糖的红豆泥。站台上的手推车和列车上都有茶出售，还有装在玻璃瓶里、加了糖的"咖啡牛奶"。

在 20 世纪二三十年代，工业化把劳动力从乡村带到了城市。手头宽松的时候，工人们会在仲夏或者新年假期搭乘火车返回故乡。想要逃离城市、去乡下寻找新近被浪漫化的"大自然"的中产阶级也是如此。车站便当产业随之发展起来，使用当地应季食材的"农家"午餐盒，变成了怀旧消费的理想目标：秋天配有松茸的便当，以及春季混有盐渍樱花的餐食都会销售一空。在奈良站买上一盒奈良渍，或者在名古屋购买盒装守口渍，都会让你变成美食鉴赏家。

伴随第二次世界大战中的食品短缺和战后日本铁路旅行的衰退，车站便当的销售一时有所下降。不过，虽然战后食品配给仍然限制着便当盒内食物的种类，但乘坐列车旅行的人数还是在 1952 年开始增加了，购买车站便当的途径也变多了。在家庭餐桌上、学校配餐和车站便当里，早期的战后食品配给提供的面包比米饭要多，这部分是因为美国在占领期间通过海运向日本输送大麦，要以此振兴美国的农业。然而在 1953 年，米饭再次成为家常便饭和车站便当里的常客，但在学校里，面包作为常规的碳水化合物来源仍旧是学校午餐项目的组成部分，并持续到 21 世纪。

日式料理在铁路餐饮中占据了统治地位，这其中也包括在 20 世纪 50 年代被大众认为是日本式食物的三明治。日本的餐车与其西方（或者至少是"西方式"的）食物，出现的时间比车站便当晚，而且从未有过盒式便当的影响力和受欢迎程度。其原因之一在于，餐车无法提供在车站准备的便当所拥有的多样性和地区风味。

蜚声世界的新干线，又名"子弹列车"，在 20 世纪 60 年代中期开始运营。此时是日本自力更生进行战后重建，并且全面参与世界"经济奇迹"的时期。新干线是一项长期规划的产物，始于第二次世界大战前，最初是超前的计划，旨在推动经济发展，并将日本与其亚洲殖民地捆绑到一起。这是一个野心勃勃的项目，其中包括一条通往朝鲜和北京，连接跨西伯利亚铁路的隧道，意欲让日本更直接地对亚洲的关键部分进行殖民控制。通过不断改进技术，以及发明专为日本而设计的适合高速列车的特殊轨道，对速度的要求得到了最终实现，在某些情况下还需要建设特殊车站。（新干线的意思是"崭新的铁路干线"，但新干线上奔驰的列车早在 20 世纪 30 年代就被赋予了"子弹列车"的昵称。）

1964 年是东京奥运会年，这一年，新干线完工了。列车速度的提升意味着旅行者对于精心制作的全餐的需求降低了——从东京到大阪只需不到三个小时。虽然一开始列车还配备餐车，但不久就取消了，以供应车上小吃服务的自助餐车代替。最初，这些自助餐车设置了取餐流水线和餐桌，但它们在从东京到大阪的东海道新干线上引起了一个独特的问题：为了让人们在自助餐车上用餐时也仿佛拥有隐私，餐桌被逐一隔开，但是分隔物遮住了从车上望向富士山的景色。这些分隔设施不久就被拆除，日本人十分在意在公共场合进餐时的尴尬，因为能够看到旅途中最重要的风景而忍耐下来。现在也同样如此，东海道列车上最珍贵的座位是能够看到富士山景的位置：西行时位于右侧，向东时则位于左侧。

调味菠菜（可制作 5 份便当所需的量）

菠菜和其他绿叶蔬菜经常被用作调味品和配菜，在烹制时需要小心轻微以保持颜色，然后拌上各色酱油和芝麻佐料食用。

2 汤勺日式酱油

2 汤勺日本味淋（日式甜米酒）

1 汤勺糖

2 汤勺白芝麻，在干燥的平底锅内烘烤

500 克菠菜，或者 2 盒（每盒 350 克）冷冻菠菜叶

在一个小平底锅内，将酱油、味淋、糖和盐慢煮 3 分钟。用研钵和研棒（或者日式擂钵和木杵）将芝麻捣碎，放在一边待用。去掉新鲜菠菜上的纤维状茎，蒸 3 分钟，让叶子变软。（或者按照包装上的指导烹制冷冻菠菜叶。）然后将菠菜冷却至室温。

挤出菠菜叶中的水分，将所有的湿菠菜叶团成圆柱形，再横切成 5 厘米的段，放在便当盒或者盘子里。将调味汁淋在每份菠菜上，撒上现磨的芝麻粉。

在东海道线上，大多数人都自带包在竹叶里的握饭（和饭团类似）和腌萝卜，与 19 世纪 80 年代中期在宇都宫市供应的第一批饭团相差无几。建造东海道线的工人们在铁路完工之后失去了工作，便开始在自己修建的铁路沿线售卖握饭便当。原本意在卖给无力承担早期餐车餐费的乘客，但其他乘客也会购买，甚至包括计划在目的地就餐的人。随着人们品尝地方特产的想法越来越强烈，车站便当逐渐变成了理想餐食，而不是二流选择。

虽然其他线路上仍然配备餐车，但也因为在 1970 年受到日本国有铁道面临的财政危机影响而全部消失了。当时，日本铁道还为政府所有。除了新干线之外，几乎所有线路都处于亏损状态。1987 年进行分割和私有化以后，地区性的私营铁路公司在运营列车时主要仰赖于乘客自带食物。穿行于座位边的手推车会向乘客供应小吃，有时也会出售从沿线车站买来的车站便当。列车上也出售火车便当，但比起车站出售的车站便当种类要少些。在速度最慢的新干线列车"回声"号（Kodama）上，设有咖啡吧车厢，在车厢里的服务角可以买到火车便当。咖啡吧车厢在 20 世纪 70 年代开始取代自助餐车厢，但最终又被只供应饮料的自动售货机代替。

20 世纪 80 年代晚期，列车上再次兴起了舒适享受的潮流。当时速度更快的新干线列车"光"号（Hikari），有时拥有可以买到食物的上层车厢。西日本地区的"光"号上甚至有一节影院车厢，因为列车正在想方设法与快速降价的飞机竞争。现在车上还有一

两种配调味品的手握饭团，是典型的火车小吃。

些额外的座位可供选择，例如配备电脑插口的办公座位，以及将手机谈话等不必要噪声最小化的安静车厢。在通往日本最北端岛屿北海道的新型线路上，还有淋浴间和卧铺车厢。为了服务日益增加的女性乘客，某些列车上还有女性用的化妆室，其中的三面墙上都带有镜子。

1997年，当时最快的新干线"希望"号（Nozomi），实现了270公里的时速，2小时20分钟就能够从东京抵达京都。在这样的速度下，乘客实际上并不需要餐食，因为他们很快就能够抵达目的地。但是，除了旅途的速度之外，乘客认为车站便当是旅行经历中重要的一部分，并且想方设法找出最好的便当带上车。车站便当成了去旅行的一项美食方面的理由。

从20世纪50年代中期至今，车站便当得到了前所未有的蓬勃发展：它们现在成了日本首屈一指的美食体验。1953年，为了推广当地食物，大阪最大的百货公司高岛屋举办了第一届车站便当祭。不久以后，其他百货公司纷纷仿效：东京的上野百货和横滨的高岛屋百货，分别在1958年和1960年举办了车站便当祭。这些祭典活动现在每年都在举办，有成百上千名车站便当制作者参与其中。车站便当祭也成了老饕们的目的地，他们购买便当，既是购买作为地方特产食物的"纪念品"，让车站便当变成"虚拟旅行"的形式之一，也是购买打包带走的食物，可以在办公室或者家里吃掉。

车站便当本身就代表着便携的目的地，而且是一种公众文化象征，以至于人们在经过火车站时，即使只不过是要前往某个郊区车站，或者仅仅是经过车站走到另一头，都会随手买一份车站便当带回家。在东京火车站，甚至有一个永久性的车站便当祭，可以买到许多地区的车站美食。没有前往预期旅行目的地的旅客，归来时甚至会购买产自他们应该去的地方的便当，作为纪念品带回家，好给他们编造的故事增加真实性。人们还可以从网上购买车站便当，送到某人的家中或者办公室。便当还变成了空中旅行不可缺少的一部分，因此现在机场也出售带上飞机食用的空中便当，无论飞行中是否供餐。

在"车站便当"这个词专门用来指代火车站盒饭时，其他公共场所也出售便当，而且种类更宽泛，不只包括盒饭。在很多公开或者私下的活动中都供应便当，比如相扑比赛和歌舞伎、能乐演出等传统戏剧活动期间等等。便当的风俗因地区而异——在大阪和东京的相扑比赛现场能买到的便当就有很大区别——并且有可能需要遵守特定的习惯性规定（举个例子，在相扑比赛现场售卖的便当不能包括任何四条腿动物的肉，因为四肢同时着地对相扑选手来说意味着失败）。便当还会出现在赏樱时节，人们在盛放的花树下一边吃便当，一边畅饮美酒。最近的年轻人的便当则往往购自肯德基或者麦当劳，甚至连星巴克也出售为这种场合而备的"打包便当"。但无论在什么情况下，吃便当都不是一种二流的饮食体验，而是一种备受青睐的选择。

日式糖渍南瓜（6人份，每份2到3块）

只需用1个日本南瓜（一种密实的亚洲笋瓜，瓜皮为绿色），在英国和美国大多数的亚洲超市里都可以买到。普通的橙色大南瓜水分太多了。

1个小南瓜（约1千克）
2汤勺植物油
2汤勺糖
海盐，用作装饰
干辣椒片（中辣），用作装饰

去掉南瓜的籽，去掉部分瓜皮，留下几条2.5厘米宽的可食用的绿色条状外皮，增加一些色彩。将南瓜切成5厘米见方的块。在水中煮沸，直至锋利的刀尖可以戳进每块南瓜的中心部分。注意不要煮过头了。滤干水分后，把南瓜冷却至室温。

在重煎锅里加热植物油，将糖融化，直至冒泡。将南瓜在其中拌匀，至少两面裹上焦糖。将南瓜块从煎锅中舀出。冷却至室温时上菜，撒上海盐和辣椒片。

"浪花满载"便当，里面是大阪特产和街头小吃。浪花是大阪的别称。

"浪花满载"便当里包括炒面、炸牛肉串、章鱼烧、芋头、章鱼、南瓜等。这种便当讴歌当地街头小吃，满溢对大阪生活中更加喧闹的一面的怀念之情。

东京火车站的车站便当祭一景。这面墙上挂满了车站便当的食物模型，展示在这个站内店铺出售的多种便当的一小部分。在祭典上可以买到来自日本各地的车站便当，它们按照地区和季节进行排列。几个大型的百货公司也在店内组织时令性的车站便当祭。

妈妈为孩子准备的学校午餐便当也同样诱人、健康和美味。这些便当通常在前一天的黄昏时分就开始准备了，要制作鸡肉、鱼肉和准备做饭团用的米饭。食材的组合和食材本身一样重要。正如一个孩子所说的："我的午餐盒就像每个房间里都有好东西的娃娃屋一样。"[3]注意孩子会喜欢看到什么——例如切成一朵花的鲜红色樱桃番茄，或者是切得像兔子的胡萝卜——可能有助于孩子吃掉一顿健康的午餐。有些老师甚至会给所做便当不符合口味、外观和营养标准的家长送去提醒便条。最近几年，小学生们的便当样式包括做成熊猫脸形状以及动画或者漫画中人物样子的饭团，脸部特征是用精心切下来的海苔装饰而成的。买来的午餐可能在工业标准化方面做得非常完美，但也会被批评缺少准备过程中的母爱情感。

除了和情感息息相关，火车站的车站便当里还有着来自历史、政治和地域的弦外之音。它们体现了日本饮食文化中的感官领域。在西方，说起某种东西的味道大多数时候是指在嘴里所发生的一切，在日本它却涉及所有的感官：有视觉，日本"用眼睛吃饭"的概念抓住了视觉审美的重要性——色彩、设计和外观，都是味道的一部分；有香味，包括熟米饭的芳香，腌菜的气息，酱油、芝麻和醋等混合调味料的醇香；有纹理质地，指食材之间应该有所对比；还有声音，从打开盒子的声音，盒套里取出筷子的声音，到嘎吱作响的咀嚼声，咕嘟咕嘟的喝水声，列车的滑行声，都是车站便当品尝体验的一部分。饮食中还必须存在某种平衡：一顿美食应该包括来自"山、海和平原"的元素，也就是一种谷物、一种蔬菜和一种海产品。这样一来，典型的幕之内便当应当包括：来自平原的稻米，产自山地的蔬菜，以及海中的海苔。此外，可能还要遵循应季的原则，例如将日本南瓜作为秋天的食材，每份便当里都有顺应时节与地域的腌菜。和许多的日本料理相似，便当使得所有的菜肴都一起端上了桌：只有怀石料理或者其他的正式餐食是一道接一道上菜。并且，因为日本的很多食物都是在室温下端上桌的，所以在预先准备好的饭盒里吃饭并不是什么问题。

社会人类学家保罗·野口认为，吃车站便当是一种浓缩的饮食体验，与其他类型的饮食体验一样，车站便当通过食物传达了许多意义。[4]每个车站便当都代表了单纯提供营养之外的某些事物，尤其代表了地域、当地车站和车站所处的环境，以及当地被看作能工巧匠的便当师傅。它是部分顾客在众多可供选择的便当中选择的结果。观察西装笔挺的工薪族劳神费力地从车站商店中选车站便当的过程，可以说是给人上了洞察力方面的一课：在作出选择之前，他们会仔细阅读便当的描述文字，其专注程度可以和挑选精品葡萄酒时相提并论。

车站便当由此代表了当地居民，它是一种特殊的地域情感，掩盖了速度和最现代化的地面交通方式——"子弹列车"——的千篇一律。车站便当的形象也反映出一种对旅行和家乡的热爱：品尝一个地区的特产（名物）会激发思乡之情，即使这种思乡之情是因别人的故乡而产生的。

车站便当的价值各自不同，但极少超出普通旅行者的承受范围。价格从 630 日元（一顿全餐，约合 5.2 美元）到 1500 日元（一顿以新鲜螃蟹或者应季松茸等较昂贵食材为特色的餐食，约合 12.40 美元）不等。便当的容器也会抬高价格。有些容器给人留下深刻印象，以陶瓷、木材或者漆器（也可以是模仿上述材质的塑料）制成，普通的便当盒则是以卡纸或者非常轻的木材制作。但不管是何种材质，外面都以纸质外壳包裹。尽管存留时间短暂，但便当盒内外所呈现出的吸引力都是便当魅力的一部分。

给孩子们吃的车站便当与他们的学校午餐便当一样，注定明快诱人。这些便当有时包装在玩具一般的塑料容器里，可以在火车旅行结束后带回家，当成奖励的铅笔盒或者小饰物盒。在登上新干线之前购买的儿童便当，甚至有可能装在塑料仿制的火车头里面，有着标志性的鸭嘴兽形前脸。受儿童（以及成人铁杆粉丝）喜爱的便当，还有可能以凯蒂猫等设计角色作为卖点，不但便当盒的形状与凯蒂猫相似，食物也做成和猫有关的形状。

与车站便当相关的杂志和书籍，为铁路烹饪迷们提供了"食粮"。吃车站便当甚至成了旅行的目的之一，乘客们会选择能够收集最好的车站便当的路线。有一本大受欢迎的成人漫画就叫作《车站便当之旅》，讲述一个男人乘坐列车走遍日本，品尝各种便当、吃遍各个地区的故事，描绘了车站便当迷们所展示出来的对便当多样性和制作技巧近乎狂热的兴趣。这部系列漫画还在 2012 年被改编成了电视连续剧。负责作画的早濑淳和负责故事的樱井宽，通过漫画和电视剧中的这趟文化充实之旅普及了车站便当旅行的概念。这档电视剧还重点讲述了主角前往日本东北地方的旅行，来到了 2011 年 3 月遭受地震、海啸和核电站灾害的这一地区。电视剧也关注了当地农民和食品供应商的困境：先是他们的粮食被销毁、食品供应量遭到缩减，随之而来的是由辐射污染所带来的长期的未知影响，人们的生计因此受到重创。在这样的情况下，车站便当旅行充当起了呼吁社会批判与关注的载体。

车站便当展示了烹饪的多样性、烹调技巧以及季节与产区的重要性。与此相仿的是，食用车站便当的方式也展示了特定的文化特征。在日本，人们往往在指定的地点以规定的方式进餐，很少见到人们站着吃饭或者在街上边走边吃。坐在公园里盛开的樱花树下吃便当是流传已久的传统，然而人们通常不会坐在寺庙或者其他公共建筑附近的水泥座位上吃东西。在长途火车上可以吃饭，然而在通勤列车、地铁或者城市公共汽车上则完全禁止饮食。乘坐新干线旅行的乐趣，有一部分正是来自一边坐在列车座位上用餐，一边看着风景一闪而过。很少看到乘坐"子弹列车"的人什么都不吃。同样也很少

太秦外景便当，东映①京都太秦映画村主题公园的知名产品，用于纪念日本旧时电影制作，在京都火车站出售。它是地方习俗和浪漫历史故事的缩影，其中的食物都是 20 世纪 20 年代在这里工作的演员所钟爱的京都特产。

———————————

① 东映（Toei），日本大型电影公司之一，创建于1949年。太秦摄影所建立于 20 世纪 20 年代，后来并入东映。太秦映画村在 1975 年时因时代剧式微而被改建为对外开放的主题乐园，以此维持外景地。

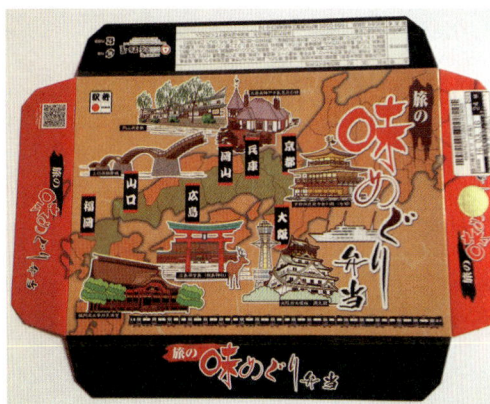

为儿童制作的新干线车站便当，其中的食物以樱花为主题。

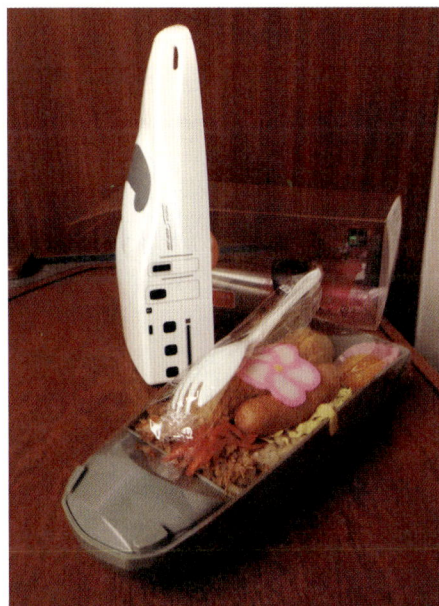

"樱花"儿童新干线车站便当，包括一些季节性的配制品，例如切成樱花形状的鱼糕、一根热狗香肠（有时被切成类似卡通章鱼的形状），以及用炒蛋和腌菜装饰的米饭。这个盒子的设计让它可以作为铅笔盒得到再次利用。

一个"挂纸"便当包装，被收藏起来作为纪念品。如包装上的插画所示，这份便当装的是从京都到福冈的西日本地区食物。

见到人们吃在家做好并打包的食物：在车站购买的车站便当是更受欢迎的旅途伴侣。虽然长途列车的座位是半公开的场所，人们可以轻易看到你带了什么食物，观察你如何吃饭，但很少有人真的对其他人的餐食指指点点。注意别人，但在注视的过程中不被他人注意到，这就是规矩。

悄无声息地用餐（在公开场合保持"私密"），是现代日本铁路旅行体验的一部分，而这一点是在意识到别人的观察的情况下小心谨慎地做到的：看一个人打开便当，取出附带的便利餐具——塑料包装的小湿巾，裹在独立纸包里的筷子，可能还有酱油或者芥末等小袋调味料，小包的调味海苔——是学习如何打开便当的正确方式。甚至叠好外部包装以便在吃完之后重新包好便当盒也是一种技巧。

虽然吃车站便当需要小心谨慎，但也有明显的乐趣。比如，尽管加热或者冷冻食物不会额外收费，但一些车站便当会配备加热措施：拉开一个拉环，盒底的温度就会上升，加热中间的食物。这种措施可能会出现在面条做的便当里，其他大多数车站便当和普通日本料理一样以室温出售。乘客也许还会喝到一小瓶冷冻绿茶、一瓶啤酒或者一罐咖啡（冷热依季节而定）。没有用餐的顺序——你可以从任何地方开始吃，随意享用便当。便当盒里可能还会有一份小小的甜品，可能是带红豆内馅的麻糬。吃完之后，重新将便当盒包好捆紧再扔进车站站台上的垃圾桶内，这显示出了你的文明。

不过这些包装经常被保存下来作为纪念品——日本有着活跃的便当包装收藏家亚文化。车站便当的包装被称为"挂纸"（一种最初为知名糖果商制作的纸质包装），现在成了收藏家的玩物。狂热爱好者们用特殊的塑料封或者相簿来保存它们，作为旅行的纪念。

在彰显火车便当地域性的例子中，有一些富有历史趣味的食物。比如位于日本九州最南部的港口城市长崎，曾经在饮食方面受到过许多外来影响。如果说坐落在日本极北方的港口城市函馆是俄罗斯和中亚草原文化触及日本的地点，那么与之相似，长崎就是迎接来自中国和西方外来思想与物质文化的门户。第一批葡萄牙耶稣会[①]传教士在16世纪40年代到达九州。然而在17世纪初期，日本政府官员想要限制和掌控外国思想与货物的到来——由此，通过地理上的孤立隔绝，保存日本文化和政治的自主自治——他们在长崎港创造了一个人工岛，作为唯一一个允许外国贸易者居住的地方。在这个被称为"出岛"（意为离岸岛）的岛屿上，最初居住的是葡萄牙和法国商人，后来主要居住的则是荷兰商人。与这些不同国家的欧洲人一起到来的食物，在很久之后融入了现在所称的

---

① 耶稣会（Jesuit），是天主教的主要男修会之一，成立于巴黎。其创始人之一方济各·沙勿略曾经在1549年抵达日本九州的鹿儿岛传教。

东海道新干线上的列车与背景里的富士山。

"卓袱料理"中：这是一种长崎特有的餐食，承载了所有上述外来影响。长崎火车站的车站便当中包括：奶酪（来自荷兰）、天妇罗（来自葡萄牙）①，一般还有两个饺子（来自中国），以及体现了不同饮食文化融合的日本食物。

车站便当中总是有着来自外国的影响，也体现了不断变化的日本饮食习惯——在日本，"传统"总是在改变的过程中，而外国饮食的输入只是这种改变的原因之一。今天的车站便当，可能会拥有关于供应商"从农场到便当盒"的有关资料，"有机"和"本土膳食主义"②的称号以及营养信息。现在还有一流大厨制作的车站便当，打开他们的作品就可以看到大厨的介绍。在东京站的车站便当祭出售的便当中，有一种受欢迎的便当是"西班牙海鲜饭"，其内容包括米饭、贝类和西班牙香料。其他便当盒里则装满了意大利面、咖喱和其他被同化成日本口味的进口食物。

但大多数铁路旅行者仍然更加喜爱体现了沿线特色的当地便当。通过车站便当旅客可以体验到当地文化，而这种体验无法通过望向窗外、欣赏呼啸而过的风景获得。便当盒里装着历史、地域、环境、大众文化、营养和味觉实验。在日本，事实上最受欢迎的饮食方式也许不是在寿司柜台前，甚至也不是在人们钟爱的拉面摊位上，而可能是在列车上可以放下来的小桌板上，这种用餐经历彰显和展示了日本的丰富多样，将整个国家联系在了一起。

---

① 天妇罗（tempura），16世纪时由葡萄牙传教士传入日本，最初是葡萄牙人在大斋期期间因禁吃兽肉，只能食用海鲜，而以鱼代替肉烹煮的一种食物，后来逐渐在日本流行开来。传统的天妇罗是用海产或者蔬菜裹上淀粉浆之类油炸制成的。
② 本土膳食主义者（locavore），指只吃当地所种植和生产的食品的人。

日式炸鸡块（可以制作 5 到 6 份便当，每份用 2 块）

日式炸鸡块是午餐饭盒与便当中的常见菜。它和大多数便当食物一样是预先做好的，既可以趁热吃，也可以在室温下享用。

2 汤勺日式酱油

各 1 汤勺日本清酒和味淋（甜米酒）

1 汤勺砂糖

1 汤勺现切的生姜

1 个蒜瓣，切碎

450 克去骨去皮的鸡腿，切成 5 厘米见方的块

140 克玉米淀粉或土豆淀粉，也可以是米粉

480 毫升植物油

在小煎锅里加热酱油、清酒、味淋、砂糖、姜和蒜，小火慢煨，直至砂糖融化，然后冷却至室温。将鸡肉在这种液体中腌制 30 至 60 分钟后再取出，用纸巾吸干多余液体。

将鸡肉和淀粉一同放入碗中搅拌，使鸡肉裹上一层淀粉。在又深又重的煎锅中加热植物油，直至油的表面冒泡。将鸡块下锅油炸，每次只炸很少几块，每面大约煎 3 分钟，直到炸出金黄色。用漏勺舀出鸡块。在所有鸡块都炸好以后，再次加热油，直到开始冒泡。然后将鸡块再次下锅炸制，每面大约煎 2 分钟，以将鸡块变得更加酥脆。用纸巾吸干油。

来自德布拉·塞缪尔斯的菜谱《我的日式餐桌》（2016）。

从某个大吉岭一喜马拉雅铁路沿线的车站看到的喜马拉雅山景色。

来份咖喱，再倒杯茶：
大吉岭—喜马拉雅铁路上怎么吃

阿帕拉吉塔·慕克帕德亚

大吉岭—喜马拉雅铁路是被联合国教科文组织授予世界遗产称号的六条铁路之一。作为最早通过发展创新工程，以解决陡峭山区环境中的铁路运输问题的铁路，其运营时间跨越了印度的殖民地时期与后殖民地时期，从 19 世纪晚期持续至今。

这条铁路使用窄轨，只有 610 毫米宽，蜿蜒在西孟加拉平原和大吉岭的喜马拉雅城镇之间曲折的线路上，经过印度最高的火车站甘姆（海拔 2258 米）。这条线路上的火车被亲切地称作"玩具火车"，以迷你型的车厢作为特色，最初由小蒸汽机车带动（现在也使用柴油发动机），行驶距离仅有 88 公里，会途经一些地球上最复杂、最壮丽的景色。正如一位评论家提到的，"乘客们可以从这列小小的列车上俯瞰闷热的西孟加拉平原，或者仰视喜马拉雅最高峰终年不化的积雪。没有其他任何地方的铁路可以提供如此视野"[1]。

现在，印度的铁路网络长度位列世界第四，覆盖了超过 67000 公里的范围。但印度铁路刚开始发展时的规模却不太起眼。印度的第一列列车在 1853 年开始运行，从孟买开往塔那，运行距离仅有 38 公里。不久之后，第一条铁路才延伸到了加尔各答。然而在即将迎来 20 世纪时，印度已经拥有了世界上规模最大、密度最高的铁路网络之一，这样的发展表明了火车作为客货运交通工具在印度的受欢迎程度。

印度铁路网络的发展也是政治决策的产物。1757 年到 1857 年间，印度的大部分领土都处于英国东印度公司的殖民控制下。1857 年，东印度公司的统治在暴力起义下告终，印度正式成为英国王室直接控制的殖民地，直到 1947 年获得独立为止。英国统治印度的影响之一是，为了经济和军事方面的原因引入铁路并加以发展。

印度的铁路发展处于这样的殖民背景下，因而对铁路的经营和运行各领域都产生了重要的影响，包括餐食供应。因为发展铁路是给英国的帝国经济贡献利润，所以为乘客提供餐食并不是铁路运营公司的目标。其中的部分原因可能是，在运输中安排食物将会增加运营成本。然而铁路公司也不确定印度的旅客是否想吃提供的食物，因为印度社会受到严格的"同桌共餐"规矩的限制，这种宗教和种姓制度规定了哪一类人可以一同进食。

辣土豆咖喱（4人份）

这种用传统孟加拉^①风格制作的辣土豆咖喱是一种大受欢迎的素食菜肴，在铁路的茶点室和站台上的食品小贩那里都可以吃到。这道菜孟加拉人在早餐时配蓬松的油炸小麦面包吃，在午餐和晚餐时则当成配米饭的主菜。这道咖喱所用到的香料全都可以在西方的亚洲杂货店中购买到。

2 个中等大小的番茄	1 公斤新收获的小土豆，去皮之后洗干净
1 茶勺小茴香粉	1 茶勺切碎的香芹
1/2 茶勺姜黄粉	2 茶勺克什米尔温和红辣椒粉
1 茶勺盐	1 汤勺砂糖
2 汤勺芥末油（分开使用）	1 个干辣椒
1 片干月桂叶	1 条桂皮
2 个绿小豆蔻荚	1/2 茶勺完整的小茴香种子
1/4 茶勺阿魏^②粉	1 汤勺姜泥
120 毫升新鲜或者罐头装的绿豌豆	700 毫升水
1 茶勺马萨拉印度综合香料	1 茶勺酥油（提炼后的黄油）

用搅拌机将番茄打成泥。将土豆置于蒸锅中用沸水蒸直到熟透，但不要蒸到变成土豆泥，然后将土豆移到碗中。

将小茴香粉、香芹碎、姜黄粉、红辣椒粉、盐、糖和 1 茶勺芥末油在小碗中混合成浓稠的香料泥。在一个厚底大煎锅中，用中火加热剩下的芥末油。当油变热之后，加入干红辣椒、月桂叶、桂皮、绿小豆蔻荚和完整的小茴香种子。当香料发出噼啪作响的声音后，加入阿魏粉并充分搅拌。搅入番茄泥，降到小火，煮 3 分钟，不断搅拌。加入姜泥，继续煮 1 分钟，然后拌入提前准备的香料泥，用小火继续煮，直到油从混合物中分离出来。加入绿豌豆和水。尝尝味道，如果需要的话加盐。

加入蒸过的土豆，充分搅拌，用一个轻质的盖子盖好，用中火继续煮 8 分钟，或者到所有的水都被吸收了为止。把锅从火上移开，加入马萨拉综合香料和酥油，充分混合。盖上盖子，静置 5 分钟。趁热端上桌，配米饭吃。

---

① 大吉岭市位于印度西孟加拉邦，与孟加拉国共享相似的饮食习惯。此处的孟加拉与孟加拉人指广义的孟加拉地区。——编注

② 阿魏（asafoetida），一种伞形科植物，在外观上与茴香类似，味道有些像带有土腥味的洋葱。

建成之后，铁路很快在印度获得了很高的人气，印度人构成了交通人口中的很大份额。这样的发展是铁路倡导者和殖民地官员未曾预料到的[2]，由此也对印度铁路的食品服务安排产生了直接影响。随着印度乘客运输增加，并且成为铁路运营中最重要的盈利部门，管理方不得不对乘客的合理要求做出快速回应。毫不意外，乘客们要求在旅途中安排食品和饮料。由于不少人会在夏季出行，许多列车漫长的旅程和印度夏季的炎热使这一要求变得愈加迫切。

一开始，一些（虽不是全部）铁路公司作出了回应，在车站向乘客提供饮用水。但食物问题异常错综复杂。固然在车站修建茶点室花费高昂，铁路公司不希望承担这样的成本，但对于一项潜在的实际财政支出，他们这种冷淡的回应更多是因为受到了印度社会现实情况的限制。铁路管理方知道，因为宗教和种姓方面的规矩，为印度乘客供餐将会成为一项巨大的挑战。虽然人们与属于其他种姓、信仰其他宗教的人同乘一趟列车旅行，但他们不会在公共设施用餐，因为他们不知道厨师的种姓或者身份，以及在制作食物的过程中有没有遵循种姓的规矩。

因此，在很长一段时间内，全印度的车站茶点室都只是欧洲人或者"西方化"的印度人（也就是没有种姓顾虑，或者在旅行中忽略这种顾虑的印度人）就餐的地方。对于一般的印度旅客而言，铁路公司必须为他们提供尊重种姓和宗教情感的其他安排。最初的解决方案是允许小贩在站台上和车站管辖区域内出售各种各样的食物——这种做法相当受大众喜爱，以至于最终在印度变得司空见惯，现在也仍在继续。

正是在这样一种非正式的铁路供餐系统的背景下，大吉岭—喜马拉雅铁路公司在19世纪晚期开始运营。这家铁路公司逐渐发展，最终得以在加尔各答（当时的英属印度的首都）和大吉岭（距离加尔各答最近的孟加拉地区山间车站）之间开展直达业务。山间车站是大英帝国在印度的创造物，它们是位于山丘或者大山之间的定居点，供印度的英国居民逃离平原上的炎热。大吉岭山间车站是其中建造最早、最重要的一个。很多山间车站同时在经济方面发挥着作用。举个例子，大吉岭区域从19世纪20年代开始种植茶叶，如果此地贯通了铁路，茶叶就能够更加高效地运送到市场上去。与此相似，稻米和其他的食物供应可以由列车轻易地输送到喜马拉雅山区的村庄，而不是用缓慢的牛车沿着陡峭的山区道路运输。

整个孟加拉平原——尤其是加尔各答——都因为潮湿难熬的夏季暑热而闻名。所以，这个地区的英国居民想通过一种快捷舒适的方法前往气候较为凉爽的附近山区。海拔2134米的大吉岭受到了他们的青睐，那里既是一个疗养地，也是一处英国军队驻扎点。然而从加尔各答到大吉岭的旅程漫长而无趣，需要花费好几天的时间：乘客必须首先从加尔各答搭乘火车，沿着宽轨铁路前进195公里，然后坐渡船跨过恒河，再转乘轨

位于大吉岭—喜马拉雅铁路上的站点，蒸汽机正在加水，1974 年。

距不同的列车旅行315公里来到西里古里①，最后坐牛车或者轿子抵达大吉岭。轿子是一种封闭式、像盒子一般的单人车厢，由四个轿夫抬在肩上攀登陡峭的山路。

　　人们渴望用铁路连接加尔各答和大吉岭，由此组建了大吉岭蒸汽电车轨道公司。工程建设于 1879 年，在西里古里开始，这里后来成为大吉岭—喜马拉雅铁路的南侧终点，在当时则是通向喜马拉雅的陡峭上坡路开始的地方。工程进展得相当迅速，以至从西里古里通往新大吉岭客站的铁路在 1881 年 7 月就已经全线贯通，当时覆盖的铁路长度为82 公里。然而，即使是修建如此短距离的铁路线，也有着极大的挑战性。西里古里和大吉岭间的地形相当崎岖不平，需要各种各样的工程技艺使这条铁路得以穿越喜马拉雅山区陡峭曲折的路径，并且需要修筑众多的环形回车道、折返式线路和急弯。在工程第一

① 西里古里（Siliguri），印度东北边平原上的古城，属于西孟加拉邦，是印度边境的交通重地。

大吉岭—喜马拉雅客车驶出靠近铁路的童（音译，Tung）村，这里距离铁路的上行终点不远，2008 年。

阶段完工之后，这个项目从最初设想的蒸汽电车轨道变为蒸汽铁路，被命名为大吉岭—喜马拉雅铁路。

　　这条新线路建成后，加尔各答到大吉岭的旅行时间从几天降低为不到 24 小时。然而旅途还是相当艰巨的。虽然从西里古里到大吉岭有了直达列车，但从加尔各答到西里古里这一段旅程还是被切割成了几部分。首先，旅客必须在锡亚尔达火车站（孟加拉东部铁路公司 ① 设于加尔各答附近的终点站）搭乘大吉岭邮车，在下午三四点驶离这个城市，接下来乘坐大型蒸汽渡船通宵跨过博多河，抵达北岸的上岸点萨拉河坛车站。在此，他们将登上一列孟加拉北部铁路公司的列车前往西里古里，这段旅途用时甚至更

① 孟加拉东部铁路公司（Eastern Bengal Railway）1857 年成立于英属印度时期，结束于 1942 年，连接当时的孟加拉省与阿萨姆省。孟加拉北部铁路公司（Northern Bengal Railway）也成立于英属印度时期。
　　——编注

大吉岭—喜马拉雅铁路沿线的丘陵城镇。

位于大吉岭—喜马拉雅线"痛苦点"（agony point）的铁路环形回车道，19 世纪 90 年代晚期。

长。他们将从西里古里登上窄轨大吉岭—喜马拉雅铁路，在中午或者更晚的时间到达大吉岭。⁽³⁾

虽然这趟旅途并不轻松，但沿线确实提供了特定的饮食体验。为前往大吉岭的旅客准备的晚餐安排在换乘渡船的时候，第二天的早餐则是在西里古里的铁路茶点室里供应。因为渡船也是由大吉岭—喜马拉雅铁路公司管理运营，所以这里的用餐体验也受到了铁路公司餐饮文化的影响。同时期的记载中描述道，渡船上的晚餐非常好，菜单中既有欧式菜肴也有当地美食，包括当地称为云鲥的一种鲱鱼，受到乘客们的交口称赞。

1896 年，一本由大吉岭—喜马拉雅铁路公司出版的旅行指南对渡船上的餐食给出了很高的评价，告诉读者"在换乘渡船期间，供应晚餐（长期有云鲥供应，强烈推荐）"⁽⁴⁾。但每年报告每家印度铁路公司情况的政府视察员，在 1904 年写道：

萨拉渡船上厨房的准备工作值得注意。水池和餐具清洗台上有一堆令人作呕的碎肉、碎鱼和其他厨余垃圾，与最近供餐使用过的陶器混杂在一起。巴布（印度服务员）对此解释道，我所看到的陶器是在地板上清洗的，但地板上明显也很脏。清洗用的水是从放在地板上的一个水缸里舀出来的，这可能是只用了相当少的水进行清洗的后果。⁽⁵⁾

虽然西里古里的茶点室经常获得满意的评价，然而一位政府的资深铁路视察员在 1900 年写道：

我遗憾地注意到，西里古里（与格尔西扬^①）的茶点室水平都下降了。在西里古里车站，牛奶和黄油都相当糟糕。西里古里是印度顾客最多的茶点室之一，没有理由让这里的供餐保持低标准。⁽⁶⁾

一位乘火车抵达格尔西扬的外国旅行者，在 1900 年 9 月一个寒冷的日子里评论道：

我们必须转过头不看肮脏的集市和成群结队的乞丐男孩，才能在克拉伦登酒店享用一些上好的英国牛肉来满足自己。贴心周到的铁路公司给了大约半个小时的时间，让你在此大快朵颐。⁽⁷⁾

1915 年，恒河上的哈丁桥建成以后，旅客们不再需要渡船过河，缩短了旅途的时

---

① 格尔西扬（Kurseong），印度西孟加拉邦大吉岭县的一个城镇。

间。1926 年，通向西里古里的铁路全部换成了宽轨，因此带有卧铺车厢的列车可以直接从加尔各答开往西里古里。列车在早餐时分到站，然后于早间驶上大吉岭—喜马拉雅铁路，最终到达大吉岭。西里古里车站茶点室的早餐菜单是英式的，提供煎蛋卷、炸肉排、烤豆子和面包片等食品，还有茶和咖啡等热饮。一位曾在 1931 年与父母一起旅行的英国乘客回忆道：

当我从大吉岭或者格尔西扬的山间车站前往加尔各答的时候，经常在西里古里享用银级服务①的晚餐，以及由果汁、熏肉、鸡蛋配吐司和咖啡构成的完美早餐。如果我提出要求的话，在返回时的早晨还可以吃到玉米片。[8]

在殖民地时期，印度一开始运营铁路时，车站的茶点室是专门为英国客人提供服务的。有一部分原因在于印度乘客的种姓和宗教带来的种种禁忌，也与换乘期间印度乘客选择食物的文化规则有关系。最终，这种情况迫使殖民地时期的印度铁路公司在火车站修建了单独的餐厅，分别为印度教徒和穆斯林提供服务。在 20 世纪来临时，印度乘客仍然占乘客总量中的大多数，为印度教徒和穆斯林单独设立的茶点室和小吃摊，也已经成为全印度火车站的一种普遍特色。但是，为不同族群修建不同种类的茶点室、为之配备单独的厨师和就餐安排，这样做的成本相当高昂，因此铁路公司只在比较大的重点车站提供这样的就餐设施。

在 19 世纪和 20 世纪的印度铁路运营中，三等座的乘客通常构成了总乘客流量中的绝大多数。1910 年前后，一些长途客运列车引进了餐车，但总体上只有极少数人光顾，他们或者是英国人，或者是西方化的印度精英，搭乘一二等座车厢旅行。大多数乘客无法承受乘坐餐车这样的奢侈享受。他们自带食物，甚至在长途旅行中也是如此，或者是在茶点室里就餐，或者从车站小贩手上购买食物。这些小贩有的获得了铁路公司的授权，有的则是个体经营者。有些地方的小贩还会登上列车，沿线售卖食物。

从殖民地时代开始，这些火车站内外的小贩就向乘客出售各式各样的新鲜食物，并且因为与其他小贩的激烈竞争，售价通常十分低廉。相对于在餐车里食用由不明种姓的厨师制作的食物，像这样在火车停下来的时候吃东西，或者等小贩上车叫卖，为乘客提供了许多不同消费水平的更好选择。最终，许多酒店也在火车站附近设立了食品小摊，由印度人来管理经营，为不同的宗教和种姓群体供应餐食。最近食品小贩的范围有所扩大，甚至受到大众青睐的连锁餐馆也在不同的火车站开设了直营餐厅。

① 银级服务（silver service），一种餐桌服务方式，由服务员从左侧将食物从上菜盘中移到客人的盘中。

蒸希尔萨鲱鱼（4 人份）

这道西孟加拉邦风味的菜肴作为主菜在这个地区的饮食文化中大受欢迎，并且拥有特殊的地位。19 世纪晚期，从达摩克达到大吉岭—喜马拉雅铁路沿线的萨拉河坛车站需要乘渡船，渡船上经常向乘客供应这道菜。最初这道菜里的鲱鱼是用香蕉叶包起来蒸的。西孟加拉地区有丰富的香蕉叶，这种叶子为包裹其中的食物增添了一种带有泥土气息、如同水果一般的香味。

1 千克希尔萨鲱鱼，洗净去皮，切成中等大小的块

盐

各 1 茶勺黄芥末子、黑芥末子和姜黄粉

2 到 3 个长辣青椒，纵向切开

2.5 厘米长的新鲜姜片，去皮

3 汤勺芥末油

给鱼撒上盐调味。用研钵和碾槌将磨碎的黄芥末子和黑芥末子、姜黄粉、长辣青椒和 1 茶勺盐制成均匀的香料泥。

将切好的鱼片单独放在一张大铝箔中，在鱼片上涂上厚厚一层香料泥。在鱼上淋满芥末油，用铝箔包好。

在一个大锅里放入 700 毫升水和一个蒸架，开中火。当水开始沸腾的时候，将鱼放置在蒸架上，然后盖好盖子，转成小火慢蒸，蒸 10 分钟或者到鱼可以轻松地切成薄片为止。趁热端上桌，配白色印度香米食用。

羊肉辣咖喱（4人份）

用西孟加拉传统方式烹制的羊肉辣咖喱，是铁路茶点室里和站台上出售非素食食物的小贩们的主打菜肴。对于铁路旅行者而言，享用这道菜经常是旅途中的重头戏。虽然它的最佳搭档是米饭，但搭配馕或者印度烤饼也同样美味。

3 茶勺不加糖的酸奶

1 汤勺小茴香籽，在干燥的煎锅中烘烤之后磨碎

6 茶勺芥末油

6 个完整的丁香

5 个绿小豆蔻荚

2 条桂皮，每条 2.5 厘米长

2 个中等大小的红洋葱，切成薄片

5 厘米长的生姜片，切碎

4 个大蒜瓣，切碎

1 茶勺红辣椒粉

1 茶勺姜黄粉

850 克羊肉，切成小块

1 汤勺盐

3 个长辣青椒，横向切成薄片，用作装饰

5 枝新鲜香菜，用作装饰

在搅拌碗中将酸奶和烘烤过的小茴香籽一起打发，放在一旁备用。在厚底深煎锅里用中火加热芥末油。油变热后，加入所有的香料（丁香、小豆蔻、桂皮）煎 30 秒，直至香料发出噼啪声，油也有了香味。加入洋葱，用中高火翻炒 3 分钟，直到洋葱变得透明。调至小火，加入姜末和蒜泥，再翻炒 3 分钟。保持小火，加入辣椒粉和姜黄粉，然后煮 1 分钟，并不断搅拌。千万不要把混合物煮开了！

拌入小块羊肉，拌匀，继续用中高火煮 7 到 8 分钟，不断搅拌，直到油从混合物中分离出来。加入混合后的酸奶，用中火煮 5 到 6 分钟，经常搅拌。拌入盐。用严丝合缝的盖子盖上煎锅，用中火接着煮 30 分钟，不时搅拌，直到羊肉变软。不要另外加水。当羊肉煮好之后，装到上菜用的碗里，用青椒和香菜装饰。趁热配米饭、囊或者烤饼上桌。

在一个大吉岭—喜马拉雅沿线火车站附近的小吃摊出售食物的小贩，1974 年。

甘姆火车站对面的茶摊，向大吉岭—喜马拉雅铁路上的乘客与乘务人员出售印度茶和小吃。

1947 年，印度独立以后，铁路的管理权转交给了印度的国营铁路公司，一些列车继续经营餐车，这主要是为了在享用服务周到的餐食的同时，能够欣赏外部一瞬而过的风景的魅力。然而餐车的价格昂贵，除了孟买至浦那的"德干女王"号和现在的高价豪华旅游列车等少数车辆之外，餐车的受欢迎程度也开始下降。印度乘客喜爱的不仅是平价的食物，还是由属于他们自己宗教或者种姓的人制作的食物。因此在独立后的年月里，在经过一段服务、食品质量和乘客数量不断下降的时期以后，最终，相当多的列车上不见了餐车的踪影。

在多数餐车逐渐消失的同时，火车站里的茶点室保留了下来，但其本质已经有所变化。印度教与穆斯林茶点室之间严格的隔离最终消失了，虽然它们的菜单和纷繁复杂的素食与非素食菜肴仍然反映出了对印度教和穆斯林饮食文化的广泛遵守。另一项进步则是在印度铁路上变得非常成功的点餐车厢。和殖民地时期一样，需要解决的问题是如何在换乘时向长途旅行的乘客提供点心和饮料。因此，后殖民地时期的铁路管理方开始在长途列车上运营点餐车厢，在其中烹制新鲜出炉的素食和非素食，供选择在列车座位上进餐的乘客食用。这些为印度乘客量身打造、以适应他们不同需求的安排，催生了一种充满活力的铁路饮食文化，在这种文化中，还有小贩出售的形形色色的食物，这一切为其他国家那些配备餐车的铁路公司的更加正式的供餐形式提供了另一种模式。

印度从英国统治下独立之后，大吉岭—喜马拉雅铁路也发生了变化。后殖民时期的印度被划分成了两个独立国家，即印度和巴基斯坦。巴基斯坦在地理层面上被进一步分为西巴基斯坦和东巴基斯坦（分别是今天的巴基斯坦，及 1971 年后的孟加拉国），而大部分大吉岭邮政铁路 [①] 位于当时的东巴基斯坦境内。虽然邮政铁路持续了一段时间，但印度迫切地需要一条本国国土上的新线路，通向西里古里和位于该国东北部的阿萨姆邦 [②]。然而，印度仅仅拥有一条约 20 公里宽的走廊地区用于修筑这条新线路。

此时，从加尔各答前往西里古里的旅程时间大大增长了：列车沿宽轨铁路驶离加尔各答，沿着当时的东巴基斯坦边境，朝西南方向的印度一侧前行，乘客随后需要搭乘马尼哈里渡船跨过恒河，再换乘另一条不同轨距的铁路抵达西里古里。最终，在恒河北岸修建了一条新的宽轨铁路，为大吉岭地区和印度的各个东北城邦服务。1964 年，在西里古里以南6公里处的新杰尔拜古里建设了一个新火车站，窄轨距的大吉岭铁路向南延伸，

---

① 大吉岭邮政铁路（Darjeeling mail）是一条始于殖民时期的印度东部地区铁路，连接加尔各答与西里古里，并不直达大吉岭市，但在西里古里与大吉岭—喜马拉雅铁路相连。——编注

② 阿萨姆邦（Assam），位于印度东北部，是该国文化和地理上最独特的地区之一，也是阿萨姆红茶的产地，并以自然风光而闻名。

盛在分格金属盘里的传统印度塔利套餐。

在印度的主要铁路线上，小贩在很多车站通过列车车窗出售预先做好的食物。

在许多城镇，大吉岭—喜马拉雅铁路上的"玩具火车"经过时，列车与沿线的食品店和其他店铺的距离非常近。

以便与这条新线路相连接。20世纪70年代早期，旅程时间缩短了，大吉岭邮政铁路上的列车可以在凌晨离开加尔各答，在早晨直接抵达西里古里，在此接驳前往大吉岭市的列车。这种交通方式至今没有发生大的改变。

20世纪晚期，在大多数像新杰尔拜古里这样的大型车站仍然有两个分开的茶点室，其中一个是为素食者准备的，另一个则被称为"非素食"，并最受访问印度的西方人的青睐。因为印度大部分地区的冷藏设备还处在发展初期，所以有时候肉类的鲜度不一定处在最佳状态，但所有的印度厨师都可以得心应手地烹饪鸡蛋。在两种茶点室里都能喝到茶，既可以品尝西式茶（牛奶与糖另外加入），也可以喝到传统的印度茶（水、茶叶、牛奶和糖一同煮沸）。两种茶点室都有长度合适的菜单，人们希望厨师可以用基本食材做出所点的一餐，而不是加热提前做好的餐食。

在这种供餐形式之外，还有许多烹制小吃、偶尔供应正餐的站台手推车。有些时候食物是预先做熟的，然后就无遮无挡地放着（因而会被每个印度车站都有的苍蝇光顾），但大多数小吃都是现场炸制的。虽然对于西方人的口味来说放了过多的香料，但因为刚从热腾腾的油里炸出来，说不定你会觉得相当美味。在此之外，较大规模车站的小贩会把食物放在纸盘子里，通过列车车窗向车上的乘客兜售。这种叫卖方式延续至今，尤其受到二等座旅行者的欢迎。车站里也有一些常驻食品摊位，大多数都配备了烹制热食的设备。煎蛋卷、印度茶、咖啡、普通的薯片和饼干（曲奇饼）等长期在这些摊位上大受欢迎。

上等阶级的旅行者会受到更多的礼遇，搬运工人在列车上来回走动，从一等座的乘客那里取单独的用餐订单。停站时，这些订单会通过电报发送到沿线下一个带有铁路厨房的车站，并在那里提前准备好预定的餐食，等待列车抵达。搬运工会将做好的食物收集起来端到车一等座客人的位置上，使用的托盘类似于传统的军用饭盒。配餐饮品是装在保温瓶里的茶或者咖啡。列车继续沿线下行，用过的托盘和餐具则被收集起来送回厨房，在反向运行的列车上再次使用。早餐通常可以选煎蛋卷或者蔬菜咖喱，搭配吐司、黄油、果酱和茶。午餐与晚餐则一般是鸡肉咖喱或者蔬菜咖喱，配米饭、恰巴提薄麦饼和一些腌蔬菜。

在从加尔各答出发的列车上度过一夜，并在新杰尔拜古里享用午餐之后，乘客转乘大吉岭"玩具火车"，穿过平原边缘来到苏克纳，开始攀登喜马拉雅山麓。32公里以后，列车接近汀德哈里亚，铁路线在这里绕了一个大而漫长的"S"形，在山间迂回向上攀登。以前，乘客可以在"S"的脚下向列车员点餐，等从山间爬升到廷达利亚，列车气喘吁吁地进站后，就到了享用进站前预先做好的午餐的时间。如今，在廷达利亚依然可以吃到茶点，但这种预先订餐的制度已经不再继续了。

大吉岭"玩具火车"经过大吉岭附近的不丹庙宇朱噶旺莒林。

大吉岭—喜马拉雅铁路上的弯道。

　　在大吉岭—喜马拉雅列车上，正餐的选择通常都十分有限，因为传统上乘客会在西里古里吃早餐，在某个大吉岭山间的酒店享用晚餐。但这个时期的大吉岭列车上还是有一些用餐方式的。泰德·斯考尔是一位美国铁路爱好者，他曾于1974年夏天在这条线路的一部分上旅行过。他乘坐的列车带有一节配软垫座位的一等座车厢、两节配木质座位的二等座车厢和一节行李车厢，所有这些车厢都由蒸汽机车来牵引。乘客可以在上车的时候点餐，食物会在列车停下来给机车加水的时候，被为铁路物资供应所工作的搬运工带上列车。斯考尔后来回忆道：

　　我想车上没有欧洲式的菜肴可选择，只有印度式的，但我也很喜欢。请想象一份内容更丰富的电视便餐①，金属餐盘上有四五个空格，里面分别是带骨鸡肉（如果你不是素食者的话）、一份蔬菜、某种酱汁、印度面包和一杯茶。茶是安全的饮料，因为水已经被煮沸了很长时间。列车相当颠簸，因此很难吃东西，我们中的少数几个低声笑了起来。我是列车上的唯一一个欧洲人。季风季节明显不是旅游旺季。[9]

他还补充道，盛在白色瓷器里的咖啡和配有饼干（曲奇）的茶也是由铁路物资供应所提供然后带上车的——乘客也可以从站台小贩手上购买食物，装在包装纸或者一次性容器里。

在大吉岭—喜马拉雅铁路上，这种从车站小贩手上购买食物的传统有一种特殊的魅力，因为列车会停靠沿线的 12 个村庄，尤其是在格尔西扬，铁路会经过村子里的巴扎（市场），乘客可以下车，从市场摊位和自由小贩手上购买各式各样新鲜出炉的食物。虽然受到了印度共生法则的影响，但这样的安排没有正式承认印度不同社会群体、宗教群体和种姓间存在的分歧。车站里仍然有茶点室，但印度教徒和穆斯林在配餐上的差异已经正式消失了。不过，因为受到宗教和种姓规矩的影响，小贩继续分别为不同的群体供应各种食物。例如，不同的小贩通常各自出售素食和非素食，若不分别贩卖，则经常会用严谨到一丝不苟的方式，分开烹制、保存和端上食物。

但现代化已经来到了大吉岭—喜马拉雅铁路。虽然美丽的风光和令人惊叹的景色始终未变，但 2000 年时，当初特意为大吉岭铁路而在英国制造的小小的蓝色蒸汽机车，在每日一班的列车上已经被柴油机车取代。不过一些旅行公司也确实会在整条线路或者部分线路上安排由蒸汽机车牵引的旅途。然而道路交通方面的改善，已经几乎代替了这条线路曾经承担的当地交通的功能，因此就和全世界其他有趣的次级铁路一样，大吉岭铁路现在更多的是以旅游为目的的进行经营，而非专注交通业务。现在，大多数游客乘坐飞机抵达这一地区，先在西里古里酒店度过一夜，然后搭乘火车登上大吉岭。在西里古里的高级酒店中，我最喜欢的一家是辛德瑞拉酒店，它是大吉岭—喜马拉雅铁路国际学会印度分会的大本营所在。这家酒店也是用餐的好地方，有着印式和中式的各色佳肴，而且全都是素食。

---

① 电视便餐（TV dinner）出现于 20 世纪 50 年代，指一份包装好、微波加热即可食用的简便冷冻套餐。之所以得名为"电视"，是因为食品公司认为这种新商品就像电视机一样，目的都是为人们的生活提供便利。

1974 年，将茶和咖啡送上一列大吉岭—喜马拉雅列车的搬运工。

克纳路边的许多摊位之一，供应基本的点心。攀登陡峭山崖的旅途就始于这里。

蔬菜干炒辣咖喱（4到6人份）

这道菜在许多孟加拉人和尼泊尔人经营的餐馆中很受欢迎，它的菜谱来自大吉岭—喜马拉雅铁路沿线的西里古里辛德瑞拉酒店。菜名（Jalfrezi）中的"Jal"意思是"辣"，而"frezi"的意思是"干炒"。蔬菜应该保持相对的脆度，而且这道菜应该保持干爽，而不是柔软多汁。

3汤勺酥油（提炼后的黄油）或者植物油

1汤勺香菜碎

1茶勺小茴香籽

1个中等大小的花椰菜（约800克），只要花的部分，掰成小块

200克新鲜青豆荚，横向切成2.5厘米的片

1个大胡萝卜，切成厚厚的火柴棍状

2个大洋葱，切碎

2个辣青椒，切成薄的火柴棍状

3瓣大蒜，切碎

1厘米新鲜生姜段，去皮切碎

2到3茶勺砂糖

1/2茶勺辣椒粉

1/2茶勺姜黄粉

1/4茶勺盐

2个中等大小的番茄，切碎

120毫升番茄泥

一把新鲜的香菜叶，额外的一些用作装饰

预先把各种食材切好，并调配好各种调料。用深煎锅以中火加热酥油。油热后，加入香菜和小茴香籽，快炒30秒左右。迅速加入花椰菜、青豆荚和胡萝卜，炒2分钟后，加入洋葱、辣青椒、大蒜和生姜，再炒2分钟。接着加入糖、辣椒粉、姜黄粉和盐，煮1分钟，并不停搅拌，然后加入番茄和番茄泥，仔细混合所有食材。放一把香菜叶并把火关小，盖一点盖子，不要盖严，并注意时时搅拌，煮10分钟，随后拿下盖子，再煮5分钟。

趁热上菜，可作为素食套餐的主菜，也可做辛辣的配菜。搭配印度香米饭，也可搭配恰巴提薄麦饼或馕。上菜时可用几片新鲜的香菜叶作为装饰。

嘎雅巴里一家小餐馆里准备蒸制的馍馍饺。

新杰尔拜古里的现代美食广场既供应快餐，也有传统菜肴。新杰尔拜古里是来自德尔菲和加尔各答的干线铁路与大吉岭一喜马拉雅铁路交会的枢纽。

格尔西扬的小小零食吧，靠近西里古里和大吉岭之间这段铁路的中点，列车会在此停靠约 10 分钟。

位于苏克纳正北方的让通镇里的妇女，正在大吉岭旅行有限公司的旅游列车之旅中用新鲜出炉的馍馍饺配辣酱欢迎游客。

新杰尔拜古里的食品摊位仍然在那里，此外这里还有一处"美食广场"，但它们的客人大部分是干线铁路的乘客，而不是在大吉岭铁路上旅行的人。有了更多的乘客在西里古里枢纽（这里集中了城里的酒店，因此更加方便）到达和离开，那里的站台小贩、卖茶客和食品摊的生意也都很好。

现在，前往大吉岭的铁路旅程大约要花六个半小时。2014 年的一位旅行者是如此描述列车蜗牛般的速度的：

> 当地人、学童和跳上跳下搭免费车的小贩活跃了我们的旅途。更加受欢迎的侵入者是有事业心的小贩们，他们带着装满了蒸饺的午餐餐盒（成堆的金属午餐饭盒）上车，手里还挥舞着大壶的甜茶和咖啡。[10]

途中在汀德哈里亚会有一段短暂的休息。虽然这个车站的茶点室已经不再营业，但在公路和铁路旁，以及车站的地下还有几个商店。从廷达利亚开始，铁路向拥有集市的格尔西扬延伸，它是西里古里和大吉岭间最大的城镇，列车会在此停留约 20 分钟，让司乘人员休息。乘客们还有其他的机会来填饱肚子。在离站台仅有 25 米远的食品摊位上，只要几个卢比就能买到美味的萨莫萨三角饺（一种三角形的煎饺，带咸馅儿），此外，在邻近车站的格尔西扬高街上出售各种各样的包装小吃和饼干。车站本身也有个小小的零食吧，供应糖果、巧克力和独特的印度茶。

铁路直线穿过高街，离开格尔西扬，离街上的铺面只有几英寸之遥。离开这个小镇后，线路的特点有所变化，紧紧嵌在山间狭窄的矿层上，与原有的山间马路的路线相同，一路攀升到离大吉岭仅有 6 公里远的甘姆山顶车站。传统上，列车会在这里停靠几分钟，让乘客在站台上的零食吧或是建在对面山坡上的迷你咖啡馆买些东西，后者供应相当好的馍馍饺（尼泊尔式的蔬菜馅儿蒸饺，是一种当地美食）、煎萨莫萨三角饺和印度奶茶——这里也是列车司乘人员们最爱的车站。

在旅途的最后一个段落中，铁路走下山坡来到大吉岭。虽然车站里有一个小茶吧，但大多数旅客还是会找上一辆出租车去他们的酒店。大吉岭遍布各种酒店，其中包括从 1841 年起就为当地的茶叶种植者和度假者提供住处的温达美酒店。酒店里优雅的下午茶尤其受欢迎，主打大吉岭红茶（当然啦）配黄瓜三明治（去掉吐司边）和马德拉岛蛋糕①。晚餐在餐厅中正式地端上餐桌。主菜可以在传统的尼泊尔菜肴和西式菜肴（例如烤羊肉）中选择，也可以两种都尝一尝。

---

① 马德拉岛蛋糕（Madeira cake），一种传统的英国海绵蛋糕，以马德拉酒作为主要食材。

大吉岭—喜马拉雅列车在甘姆火车站检修，2014 年。

大吉岭的"玩具火车",2004 年。

大吉岭—喜马拉雅铁路现在拥有自己的十二座餐车，建造于 2001 年，命名为"丹增·诺盖"①（这位尼泊尔夏尔巴人曾在 1953 年与埃德蒙·希拉里爵士②一同登上珠穆朗玛峰峰顶），但它只在特殊的由蒸汽机车牵引的旅游列车上运营。当小小的蒸汽机车在日暮时分拖着"丹增诺盖"车厢穿过娑罗树③林攀登上山，坐在车厢豪华的环境中享用一顿高品质大餐，是少有能与此媲美的经历。正如一位旅行者在 2003 年提到的：

> 不能错过这条铁路上的餐车中的一餐。在黄昏时分穿过森林的同时，享用一顿四道菜的晚餐，B 级机车（有历史风情的蒸汽机车）在前方全速工作，这是将会伴随你一生的经历。(11)

这列列车通常挂载两节车厢运行：一节一等座沙龙车厢，一节"丹增·诺盖"餐车。预定第一轮吃晚餐的乘客，会在列车驶出西里古里枢纽站时用餐，此时列车沿着山间马路进发，经过众多的茶园前往苏克纳，旅程长 10 公里。与此同时，第二轮用餐的乘客安坐在一等座沙龙车厢中，品尝小吃和饮料。在苏克纳，蒸汽机车需要 15 分钟时间加水，并为锅炉生火，这时两轮食客交换位置。在接下来的 8 公里路程中，列车穿过森林，下到容通（Rangtong），第二轮食客进餐，其余的人则在一等座车厢里休息，享用茶或者咖啡。

由四道菜组成、价格固定的菜单完全是印度式的，但会定期更换内容以增加丰富性。此外，在过去启程出发时，餐食上桌时还配有冰镇印度啤酒。然而，不是每一个大吉岭—喜马拉雅铁路的旅行者都能感受这样的餐车体验，因为这趟列车的高昂票价超出了普通印度铁路乘客的接受范围。因此，配备这节餐车的列车主要为印度以外的游客供餐，他们用价值超出印度卢比许多的货币来付账。

但这种不公平给铁路的饮食文化带来了有趣的影响。因为无力承担带餐车服务的列车票价，所以大多数印度乘客都光顾站台上的小贩。为了回应乘客们可观的需求，食品小贩相互竞争，供应的食物种类不断增加，在销售能够存放更久的包装食品（例如薯片和瓶装碳酸饮料）的同时，也提供立刻就会被消耗掉的新鲜食物。这样一来，乘客们就能够享用到带有当地特色的新鲜菜肴，这些食品反映出了列车经过的西孟加拉邦—喜马

---

① 丹增·诺盖（Tenzing Norgay，1914—1986），尼泊尔登山家，夏尔巴人，人称"雪山之虎"，珠穆朗玛峰最早的两位登顶者之一。

② 埃德蒙·希拉里爵士（Sir Edmund Hillary，1919—2008），新西兰登山家和探险家。

③ 娑罗树（sal），又名娑罗双树、摩诃娑罗树，为龙脑香科娑罗属植物，属多年生乔木，产于印度及马来半岛等南亚雨林中。

大吉岭一喜马拉雅铁路上一节一等座车厢的内部，2006 年。

嘎雅巴里的一家小型路边餐厅，位于大吉岭一喜马拉雅铁路车站的正上方。

拉雅地区丰富多样的烹饪文化。

　　大吉岭—喜马拉雅铁路基于其历史和发展，创造并保存了一种含有多种选择的共存性饮食文化：既有昂贵特殊的旅客列车上相对正式的餐食，也有站台上非正式的食品摊位提供的产品，还有茶点室里以更低廉价格售卖的吃食，以及游客下榻酒店中的食物。因此，不同预算和口味的乘客拥有许多不同的选择。由此也可见印度铁路供餐的整体风貌及其孕育的饮食文化是如何对印度社会产生更广泛影响的。铁路供餐曾经是（并且以后也会是）活跃而不断发展的，它是一个从过去到现在始终以多种方式影响当地社会与经济的互利系统。它满足了乘客的需求，并且为大范围的乘客所接受。铁路供餐的随意性和灵活性为创造和保存形形色色的饮食文化做出了贡献，而这些文化是被当地烹饪传统所塑造的。在一个像印度这样庞大、拥有毋庸置疑的饮食多样性的国家里，铁路供餐的影响远远传播到了铁轨之外。

大吉岭列车的轨道，列车正在穿越西里古里人潮汹涌的城镇巴扎。

德拉肯斯山脉特快列车，在 1977 年 6 月一个明亮晴冷的早晨加速驶出布隆方丹，前往开普敦。

烤咖喱馅饼、炸南非鳗和巧克力小锅：南非豪华列车上的传统美食

卡尔·齐默尔曼

　　"女士们，先生们，早上好，"我们包厢扬声器里的声音低声说道，"蓝色列车即将出发。不和我们一起旅行的客人敬请离开列车。"还好，这一要求并不适用于我和妻子，因为我们安排了从比勒陀利亚①前往西南海岸的开普敦②的长达1600公里的旅行。这是一座建于1921年的美丽车站，我们和同行旅客在火车站内蓝色列车专用的休息室内集合，与站内其他来来去去的土气的当地列车分隔开。然后我们被送到车上，餐饮经理范尼向我们作了简要介绍。"如果你没有听懂，也不用问，"他说道，"在蓝色列车上，所有东西都是免费的（也就是包含在车票票价内），除了法国香槟和礼品店里的纪念品。"

　　早上8点50分，随着两声铃响宣告出发，列车从站台缓缓滑出。在我们的"管家"，一位叫海蒂的年轻女士，来解释我们房间里纷繁复杂的设施的时候，我们几乎有些感动：一个可以升降和调整窗户内外层玻璃之间的活页百叶帘角度的遥控器，还可以用于操作电视，1频道在播放工程师视角下我们的沿途旅程；一部用来呼叫管家的手机；以及一部带数码显示的温控。除了这些高科技设备，整个豪华套房——与此相比，高级豪华套房里还有一部CD播放器、一部VCR播放器，我能够想象到的最丰富的娱乐消遣设施——都非常简洁优雅，套房内有着精雕细刻的蜜色白胡桃木（一种非洲的硬木）薄镶板，以及坚固的桦木框架。

　　用意大利大理石装饰的浴室里有淋浴间（有些还带浴缸），并且提供纪念浴袍和拖鞋。窗边的桌子上有一盘切好的新鲜水果。两张固定座椅上堆着垫子，在晚上可以转换成两张较矮的铺位，中间有一张桌子。有一些房间里则是两张床。为了白天的使用需要，车厢里还有一张可移动的椅子。房间虽然很紧凑，但设计得很精致，也相当舒适，可以有效地在白天和夜间的使用需求间转换。实际上，考虑到南非列车的轨距标准，车厢让人感到出乎意料的宽敞。这种轨距有时被称作"开普轨距"，仅有1067毫米宽，比

---

① 比勒陀利亚（Pretoria），位于南非豪登省北部的城市，也是南非的行政首都。
② 开普敦（Cape Town），南非人口排名第二大的城市，是南非的立法首都。

在一段时间内，南非运输公司遗产基金会运营照片上的这种短途火车，重现了"联盟公司"号列车在蒸汽机车牵引时代的最终版涂装。照片摄于波特维尔支线铁路，2000 年 7 月。

1977 年 7 月，蓝色列车在陶斯列菲（Fouws River）的接触网下暂时停靠，展示只有该列车才拥有的涂装。车头板上用英语和南非荷兰语写着"蓝色列车"。

1435 毫米的标准轨距狭窄许多。标准轨距在英国几乎是通用的，也在欧洲和美国的大多数地方使用。

蓝色列车目前由南非国营铁路运营商——南非铁路运输公司的子公司 Luxrail 经营，其前身是自 1923 年开始运行的豪华列车"联盟公司"号，每两周从比勒陀利亚出发，经由约翰内斯堡 ① 向南开往开普敦，与往返英国的"联合城堡"号邮轮接驳。这趟列车向北驶去时所运行的对开车辆被称为"联盟特快"号。"联盟公司"号和"联盟特快"号服务于桌湾 ② 和开普敦市中心区域，只运送邮件和一等座乘客。1933 年，一节崭新的豪华餐车为"联盟公司"号和"联盟特快"号建成了，名为"海神花"，用天蓝色和乳白色进行涂装，天花板也是用天蓝色刷成的，与其相连的厨房车厢亦是如此。最初，除了餐车之外，列车上的其他车厢不刷漆，外表的柚木只刷清漆，然而"海神花"的涂装方案流行开来，"联盟公司"号和"联盟特快"号的所有车厢在 1936 年都被涂成了天蓝色和乳白色。很快，这对列车就获得了"蓝色列车"的昵称。

后来，英国制造的 12 节空调卧铺车厢、两节酒廊车厢、两节分别被命名为"橙子"和"赞比西"的沙龙车厢（实际上是餐车，配有自己的厨房车厢），以及一节单独的行李车厢被加挂在列车上。公司还重建了一节形态相似但更旧的车厢，以补足第二车厢组。再后来又加挂了四节额外的卧铺车厢，"联盟公司"号和"联盟特快"号各两节，满足不断增长的需要。这些列车在 1939 年和 1940 年交付使用时，都被涂成了蓝色。（在南非，只有"联盟公司"号和"联盟特快"号，也就是蓝色列车，以及它们的不同的代际版本会采用这种色彩的涂装。其他列车通常是红色搭配灰色的方案。）(1)

这些豪华列车服务在 1942 年因第二次世界大战而中断，1946 年再次开始运营，并正式被命名为"蓝色列车"。接下来的一个重要变革出现在 1972 年，列车重新配备了全新的南非制造车厢。这些车厢令人惊叹，集奢华与现代于一身。当我 1977 年首次搭乘蓝色列车的时候，它是我所能够想象的最优雅的交通工具。

在我两次乘坐蓝色列车的 23 年间，南非铁路发生了相当大的变化。铁路长途客运业务日渐衰落，只有相当少的列车被保留下来，不过另一家名为索索洛扎美尔 ③ 的公司从那时起开始运营一些值得称赞的服务。与此同时，全世界范围内开始涌现出对超豪华高档列车的需求。这种情况下，经过对蓝色列车的再次考察，20 世纪 90 年代中期人们决定彻底重建 1972 年的车厢，在旧有外壳里创造崭新的列车。所有包厢——现在被称

---

① 约翰内斯堡（Johannesburg），南非最大的城市与经济、文化中心。

② 桌湾（Table Bay），位于南非面向大西洋海岸的港湾，在非洲大陆南端处。

③ 索索洛扎美尔（Shosholoza Meyl），南非客运铁路局的一个部门，负责长途（城际）客运铁路服务，每年载客约 400 万人次。

蓝色列车的高级豪华套房既时髦又舒适，上车时有一盘新鲜水果迎接乘客。

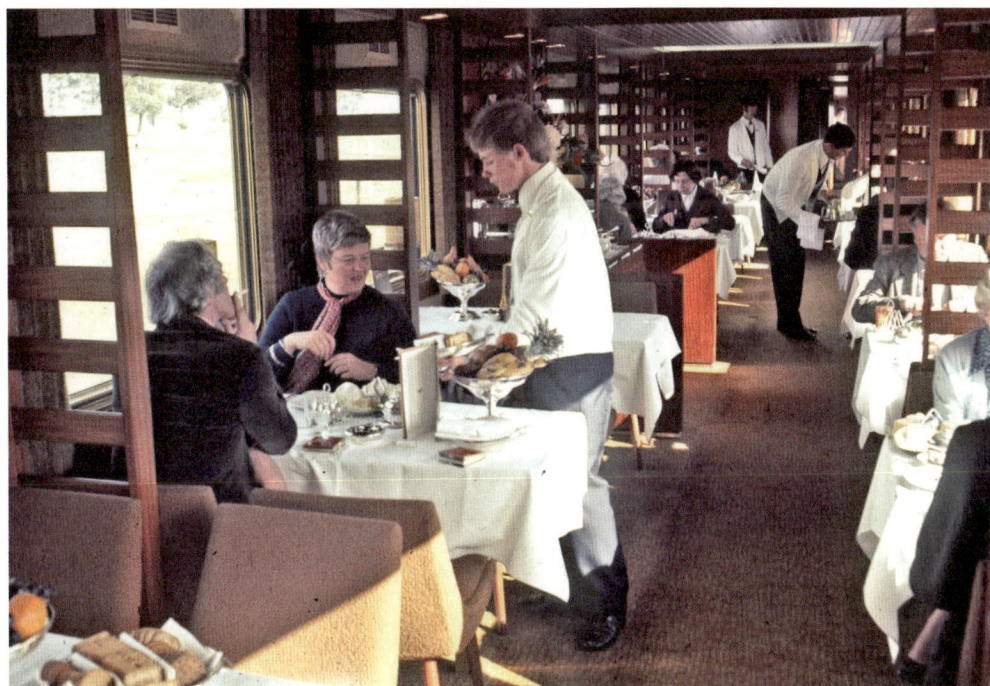

蓝色列车的餐厅，摄于 1977 年，它最初的装潢为午餐提供了优雅的环境。

作"套房"——都有了独立的如厕设施，以及当时南非列车整体缺少的娱乐设施，这些设施甚至在原来的 1972 年蓝色列车上都少有见到。第一批重建的列车车厢在 1997 年投入服务，第二批则是在次年开始服役。现在，蓝色列车被宣传为"一扇南非灵魂之窗"，为乘客提供"终极的奢华与休闲"。[2]

多年以前，我曾经见到过 1939—1940 年版蓝色列车的模样。1977 年 6 月，我有一次搭乘德拉肯斯山脉特快列车，这列列车配备了战前蓝色列车使用的车厢，这些车厢是从升级后的 1972 年列车上置换下来的。德拉肯斯山脉特快在两条线路上运行：约翰内斯堡到德班[①]，德班到开普敦，以此服务南非的三个重要城市（德班到开普敦的路线在我旅行之后停止）。当朋友把我送到约翰内斯堡巨大的火车站的时候，正好准时赶上德拉肯斯山脉特快下午 5 点 50 分出站前往德班。我见到的是一列挂着重量级铁路车厢的列车，在设计上相当传统，但却涂成了非常新潮的颜色，黑白条纹突出了淡而柔和的青柠绿，车名"德拉肯斯山脉"用轻快的字体显眼地写在每节车厢的一侧。

我在站台上的预订处拿到了住宿安排单。上车后，布置传统的木质镶板车厢让我仿佛来到 20 世纪 30 年代。我住的是一个双人隔间，这种隔间在德拉肯斯山脉特快和蓝色列车上一般只供单人住宿，但在南非其他的过夜列车上通常要睡两个人。这种隔间很像早期的美国珀尔曼公司的沙发式卧室，房间较长的一侧有一张椅子，在晚间能转换成一张床，墙上还有一张上铺，房间一角有一个水盆，还有一张可折叠在墙上的小桌子。车上的另外一种卧铺房间是包厢，是双人隔间的两倍大，有面对面设置的沙发和两扇窗户。在八节卧铺车厢、一节酒廊车厢、一节餐车和一节厨房车厢之外，这列列车还挂载了一节被称为"混合货车"的综合车厢，里面包括放置行李的空间、一间警卫（调度员）办公室和少数几间乘客房间。

这节混合货车是唯一没有空调的车厢。车上的房间一度被用于供白人以外的乘客使用（在南非施行种族隔离政策[②]期间），到了 1977 年——根据一项适用于南非五星国际酒店的政策——非白人可以不受歧视地在德拉肯斯山脉特快和蓝色列车上住宿了。但我并没有在德拉肯斯山脉特快旅途中遇到任何白人以外的乘客，几周后的蓝色列车上也没有——而且，在我们 2000 年的旅行中同样如此。列车上的服务人员里也没有非白人。

铃声响起，意味着我们前往德班、长达 784 公里的德拉肯斯山脉特快之旅即将启程。列车全程使用电力机车带动。很快，我们沉入了南非冬夜近乎完全的黑暗之中。若

---

① 德班（Durban），仅次于约翰内斯堡的南非制造业中心，以南非最繁忙的港口闻名，在"南非人口最稠密都市圈"排行榜上排名第三。

② 南非种族隔离政策（Apartheid），1948 年至 1994 年间南非在国民党执政时执行的一种种族隔离制度，当时占大多数的黑人，其包括集会、结社的各项权利受到大幅限制，维持欧洲移民阿非利卡人的少数统治。

想喝一杯晚餐前的威士忌，酒廊车厢是个令人振奋而愉悦的环境。车厢中央立着一个吧台，上面摆放有一束鲜花，花束体积庞大、色彩缤纷，花材种类多样。

当晚上 7 点的晚餐铃声响起，我走到下一节车厢的餐厅里去，迎接我的是一幅引人注目的景象，仿佛是一幕舞台布景，但实际上是我长期幻想中的铁路旅行黄金时代里的餐车在现实生活中的模样：深色的木质镶板上闪烁着柔和的白炽灯灯光，车厢中央的自助餐台上摆着另一捧令人印象深刻的花束，座位安放在小隔间里，过道的一侧摆放着四人桌，另一侧是双人桌。桌布和餐巾是米色锦缎制成的，缎面中用各种细致色调的线织出了南非铁路的盾徽，以及铁路的格言"力量源于团结"（Ex Unitate Vires），这当然指的是 1910 年南非联邦成立后几大铁路进行的合并。

四人桌上摆着装满新鲜水果的高脚银碗。所有的桌子，无论大还是小，都摆满了形形色色的碗盘和刀叉：这些银器似乎足够两三顿饭使用。为了充分利用丰富的银质餐具，南非的晚餐确实像是将好几顿饭融进了一顿似的。餐车供应的是价格固定的套餐，有很多道菜，但是选择有限，或者不能自行选择。菜单在以荷兰语为基础的南非荷兰语里被称作"spyskaart"，整个用餐时间里菜单都放在桌上，用餐者可以参考菜单，一次点一道菜，或许在丰盛的晚餐进行过程中，食客可以加快自己的点菜速度。

坐下来后，我发现桌上摆着一杯热带水果为基底的鸡尾酒。接下来，我享用了蘑菇汤、炸南非鳗（一种当地鱼类）、精心烹制的鸡肉、蒸苏丹娜葡萄干布丁，还有一小杯咖啡。每种菜肴都盛在银质器皿里：有盖的汤碗、大盘子或者锅子。我的餐伴是一位爽快的德班商人，我和他分享了一瓶南非尼德堡酒庄的伊德罗红酒。这幅我们也在其中扮演着小角色的壮观图景，自打外部漆成鸽灰和天蓝色的餐车从将近 40 年前开始在"联盟公司"号和"联盟特快"号上服役以来，无疑没有发生过什么变化。

卧铺车厢是成对安排的，每两节车厢有一位"铺床小哥"服务。在蓝色列车的全部服务中，只有卧具（尤其是床垫）需要在票价外单独付费。如果雇了铺床小哥，他会在收拾铺位的时候将所有卧具放在房间里。在没人用的时候，卧具会贮藏在靠近走廊的一个地方。

晚餐过后，我在酒廊里品尝了一杯优质的本地白兰地，接下来在卧铺车厢里冲了一个舒服的热水澡，然后沉入了无梦的睡眠之中。我记得的下一件事情是，铺床小哥在早上 6 点敲门叫醒我，当时天还没亮，列车正要驶出纳塔尔省的首府彼得马里茨堡。短短几分钟后，一位餐车里的服务员端着我的早晨咖啡出现了，并且带着全套装备：银砂糖碗、鲜奶油壶和咖啡壶，壶柄上还叠着一张保护手的餐巾。我听说这是一种南非风俗，在酒店或者火车包厢里，起床之后要马上喝咖啡或者茶。虽然这种唤醒饮料并不是要代替稍后的全套早餐，也不是让人早餐时少吃一些。

"德拉肯斯山脉特快"号上优雅的餐桌，摆放了 22 件银器，
铺着精心绣制的南非铁路盾徽桌布。

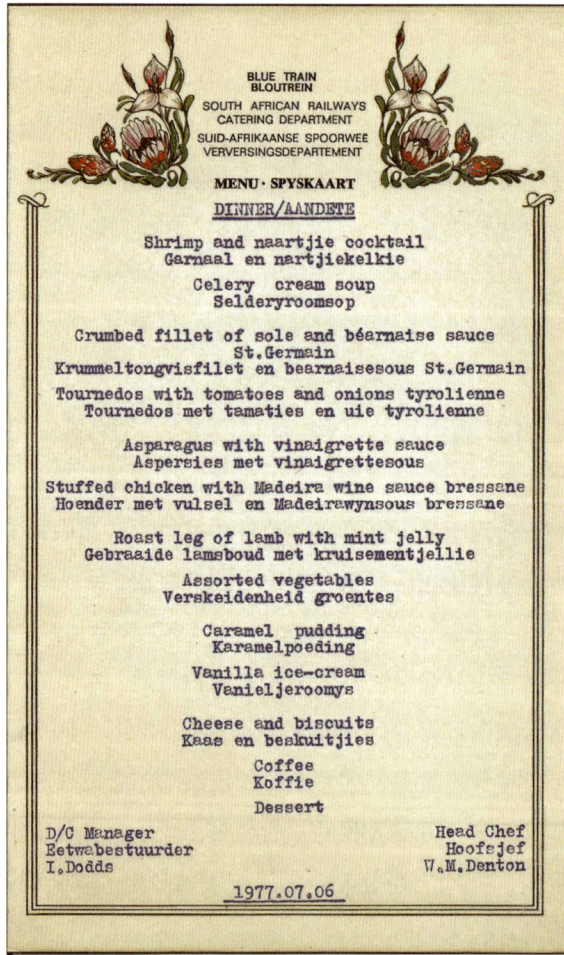

BLUE TRAIN
BLOUTREIN

SOUTH AFRICAN RAILWAYS
CATERING DEPARTMENT
SUID-AFRIKAANSE SPOORWEE
VERVERSINGSDEPARTEMENT

MENU · SPYSKAART

DINNER/AANDETE

Shrimp and naartjie cocktail
Garnaal en nartjiekelkie

Celery cream soup
Selderyroomsop

Crumbed fillet of sole and béarnaise sauce
St. Germain
Krummeltongvisfilet en bearnaisesous St. Germain
Tournedos with tomatoes and onions tyrolienne
Tournedos met tamaties en uie tyrolienne

Asparagus with vinaigrette sauce
Aspersies met vinaigrettesous
Stuffed chicken with Madeira wine sauce bressane
Hoender met vulsel en Madeirawynsous bressane

Roast leg of lamb with mint jelly
Gebraaide lamsboud met kruisementjellie

Assorted vegetables
Verskeidenheid groentes

Caramel pudding
Karamelpoeding

Vanilla ice-cream
Vanieljeroomys

Cheese and biscuits
Kaas en beskuitjies

Coffee
Koffie

Dessert

D/C Manager
Eetwabestuurder
I. Dodds

Head Chef
Hoofsjef
W. M. Denton

1977.07.06

1977 年 7 月 6 日蓝色列车上的菜单。

经由布隆方丹开往德班的德拉肯斯山脉特快，正跨过铁路小镇德阿尔以北炎热而干燥的台地。

这是一幅拍摄于 1977 年的照片，现在的蓝色列车与照片中的十分相似，但内部已经变得极为奢华。

那个早上我只喝了葡萄柚汁，吃了熏黑线鳕鱼配土豆泥、熏肉和鸡蛋，还有吐司和咖啡。虽然平整雪白的亚麻台布换下了前一晚的彩色锦缎，但早餐的服务足够谨慎小心。窗外是壮丽的景色，我们朝着大海的方向行驶，早上 8 点 45 分到达了印度洋边的港口城市德班。我们在晚上跨过了崎岖的德拉肯斯山脉，这列列车的名字正是来自这座"龙之山"。

1977 年，提供南非最舒适的长途铁路服务的是蓝色列车，在品质上次之的则是德拉肯斯山脉特快，再之后是少数其他"命名"列车，比如约翰内斯堡和德班之间的跨纳塔尔特快、德班到开普敦的奥兰治特快，以及开普敦到约翰内斯堡的跨台地特快。后面的三列列车配备带空调的餐车和酒廊，以及不带空调的一等和二等卧铺车厢；一等、二等车厢中有为非白人乘客准备的单独铺位。品质又逊一筹的是各种中长途列车，配有餐车，以及一等、二等和三等车厢，三等座只供非白人乘坐。最次一等的是许多其他由货运列车和客货混装列车提供的铁路服务。无论如何，这种列车上的等级早已消失不见，取而代之的是由索索洛扎美尔运营的旅游和经济座列车，这家公司在 2001 年开始营业，还在某些线路上提供更加高级的优享级列车。[3]

所以，在结束了德拉肯斯山脉特快之旅两周后，即 1977 年的夏天，我在开普敦登上蓝色列车，或者南非荷兰语所说的 Bloutrein 时，应该是处在南非铁路之旅的金字塔之巅了。我在出站前一小时到火车站，当时列车已经敞开门，可以上车了。当我沿着这列皇家蓝色的列车边走边寻找自己的卧铺车厢时，我注意到有一扇单独的窗户比其他的宽阔许多，百叶窗开着，无疑是在向人发出窥视的邀请。我把鼻子抵在玻璃窗上，看到了一间宽敞的起居室。窗边是两把扶手椅和一张摆着鲜花的桌子，远处是一把双人椅和几张摆着灯和新鲜水果的茶几。在右边，我费力地看到一张满满当当的吧台，以及一扇通向洗手间的门。另一侧的门则通向卧室。这种独一无二的超豪华套房让我的小小单人隔间相形见绌，但我还是非常开心。

在开车前不久，我漫步走到餐车，服务员们正在一阵似乎经过精心安排的混乱中忙碌着，为第一轮午餐的餐桌布置收尾。餐桌已经铺上了雪白的亚麻台布，摆设了擦亮的银餐具，还放上了鳄梨鸡尾酒。接下来即将供应午餐，服务员们最后一次检查了餐桌。

突然，喧闹的活动变得宁静有序。服务员在各自的位置上就位，用稍息的姿态站成了一条整齐的直线，不过保持着足够的随意，让这样的训练显得不那么军事化。列车经理匆匆忙忙地走来走去，检查这一场面，对餐车经理点头示意后急忙离开。在中午的钟声里，蓝色列车开始移动，缓慢而近乎让人无法察觉地驶过车站站台。服务员们还保持着稍息姿态，这是一幅让人深刻印象的短暂而生动的场面。透过窗户，我看到送行者们向离去的朋友和家人挥手道别。随着列车加速驶出车站，餐车工作人员正准备迎接客人，一位服务员敲响了提示第一轮用餐的铃声。然后，上述的场面消失不见了。

餐车装潢以棕色和金色为主，突出木质的颜色。宽阔的窗户为车厢提供了充足的光线。一把小小的花束装点着中央的自助餐台，台上满放着诱人的沙拉和甜点。当餐车经理引领我坐下，向我说希望我会觉得餐食还不错时，我感到非常愉快。餐食确实不错。

喝过鳄梨鸡尾酒之后，我点了一份用切成细丁的蔬菜做成的汤，然后是第二道菜炸南非鳗，主菜是菲力牛排配蘑菇和什锦蔬菜，最后的甜点是冰淇淋配水果杯。我和一位现居英国的罗德西亚[①]侨民共进午餐，并在喝过咖啡之后在酒廊车厢里继续谈话。这节舒适的车厢正中是一个半圆形的吧台，配有白色的蘑菇形吧凳。似乎有一束金色的光线照亮了酒廊——这种效果部分能够解释得通，因为列车的全部车窗玻璃都混入了一层薄薄的纯金屑，用来反射热量和阳光，制造出一种舒适宜人的南非触感。

在8点30分的晚餐布置好以后，餐车的夜间气氛甚至比午餐时更为优雅。餐桌上铺设着与德拉肯斯山脉特快上相似的锦缎桌布，它清淡的颜色定下了晚餐的基调。餐伴和我聊着晚餐的布置，与此同时服务员端上了如下菜肴：油醋汁芦笋、圣日耳曼鲑鱼排配蛋黄酱、蒂罗尔菲力牛排配番茄和洋葱、酿鸡肉配马德拉酱，以及充当咸点的当地美食卡芒贝尔奶酪。

20年过去之后，当我和妻子于2000年在比勒陀利亚再度登上蓝色列车的时候，这列列车已经变得更加高档了，以给人留下深刻印象的豪华装潢为特色，"管家"取代了传统的"铺床小哥"。这种服务上的提升，部分是因为列车的经营目的从充当交通工具变成了提供享受，成为全世界豪华列车中的一个典型。2000年时，构成两列蓝色列车的列车组为各18节卧铺车厢，两列列车几乎完全一致，但只有我们那列编号第二的列车（可供76位乘客住宿）带有一节观景车厢。这节车厢在尾部配备了从地面到天花板的全幅观景窗，还可供会议使用。今天，一列蓝色列车可容纳52位乘客，另一列则可以运载80位乘客，配有一节会议车厢和一间为使用轮椅的客人准备的套房。我们在2000年乘坐时车上的观景车厢视野很好，但酒廊车厢和俱乐部车厢（允许吸烟）的装饰都更加精致。俱乐部车厢里还有一面大屏幕，播放着前方轨道的景象，对很多乘客来说这是一幅迷人的画面，他们目不转睛地看着屏幕。

下午5点10分，我们停靠在著名的钻石中心金伯利[②]，下车前往金伯利矿产博物馆参观——这是一处精心保留下来的建筑大集合，其中大多数都是从这个地区的其他地方

[①] 罗德西亚（Rhodesia），是位于南部非洲的英国殖民地南罗德西亚在1965年11月11日单方面宣布独立后使用的新名，沿用至1979年5月31日；1980年4月18日更为现名津巴布韦。
[②] 金伯利（Kimberley），南非中部城市，北开普省的首府，1871年随着钻石的发现而建立，是世界闻名的钻石中心。

蓝色列车的观景车厢，让人得以欣赏西开普地区以山为背景的繁茂葡萄园和乡村果园的美妙景色。

今日的蓝色列车在这样优雅的餐车提供餐点。邻近过道的坐椅被摆在一侧，以便靠窗的顾客落座。

搬迁过来的。博物馆还包括戴比尔斯公司①的钻石开采活动遗留的大洞矿场。在金伯利稍作停留仍然是南下的蓝色列车游客计划的一部分，北上的列车则会在马奇斯方丹做类似的停留，但是时间更短。马奇斯方丹是一个充满了维多利亚风格建筑的村庄，它也是广袤无垠的半沙漠地区卡鲁的一处绿洲。

在俱乐部车厢里喝过鸡尾酒之后，可以在优雅且整节车厢均用于就餐的42座餐车享用晚餐。（餐车有一个独立的厨房车厢与其相连，这是南非铁路的标准做法。）餐车过道的一侧是四人桌，另一侧则是双人桌，给人一种宽敞的感受，掩饰了在1067毫米宽的铁轨上行驶的车厢难以避免的狭窄——究其原因，毫无疑问在于互相独立的餐车和厨房车厢可以协同运营。车厢尽头的隔板上装饰着山间风景画，也许是我们第二天早上将会经过的海克斯菲勒山谷。在过道一侧的餐桌之间，竖立着窄窄的隔断，以轻质木料制造，内嵌玻璃，创造出一种让人回忆起"有柱式"餐车的内装。在"有柱式"餐车上，餐桌之间有着用柚木做成的柱子，过道上方还有拱门，在早些时候是南非铁路餐饮的象征。优美的台灯立在桌上，还有插着兰花的银花瓶。蓝色列车的标志是一个圆圈环绕的时髦字母"B"，这标志无处不在：雕刻在椅子的深色木质框架上，蚀刻在玻璃隔墙上，用金色浮雕装饰在菜单支架上……

支架里的菜单逐项列出了每一道菜：卡布奇诺式蘑菇汤（也就是说，汤上桌的时候表面有一层泡沫）；碧根果碎烤去骨羊排配烧烤酱；以及巧克力小锅，这是一种由爱玛乐奶油利口酒（一种用南非的玛鲁拉树果实制成的烈酒）制作的甜品，上桌时盛在一个单独的小锅里。现在蓝色列车晚餐供应的内容包括：胡椒腌鹿肉，搭配开心果碎与大麦碎煎羊排；意大利熏火腿片裹安康鱼配白扁豆（或黄油豆）泥，茴香与香草黄油炖橙子；香煎鸭胸配黄油土豆饼，配以蒸芦笋与红叶卷心菜酱。早午餐则是烤苏格兰鲑鱼配甜薯、亚洲蔬菜和香草酱；干式熟成菲力牛排配蓝纹奶酪，撒南非日晒腌瘦肉条制成的肉松，搭配减少香草味道的酱料；鸡胸配南非佩帕度辣椒酱和菲达奶酪，搭菜丝汤和枫糖土豆。

在蓝色列车上进晚餐需要穿着正式服装。乘客们被告知，"晚餐是一场优雅的活动，要求男士身着外套和领带，女士穿优雅的晚装"[4]。这样的氛围无疑提高了我们的期待，但我们体验到的服务却有些散乱，这让我们颇为惊讶。然而返回包厢时我们发现女管家海蒂已经完成了工作。床上铺好了绣着字母B的羽绒被。灯光被调暗了，包厢里放了巧克力。

---

① 戴比尔斯（De Beers），一家钻石业跨国公司，主宰了全球4成的钻石贸易，公司总部在卢森堡。

香煎鸭胸配黄油土豆饼和红叶卷心菜酱（2人份）

蓝色列车是一列行驶中的国际五星级酒店，餐车提供顶级的欧陆美食和国际化佳肴。这道优雅的菜肴是蓝色列车菜单上的一个亮点，制作简便，摆盘美观。鸭胸可以用多种多样的方式进行烹饪，在南非全国范围内深受欢迎。

制作红卷心菜酱

375毫升切碎的红卷心菜泥

5汤勺砂糖

2汤勺醋

2汤勺红酒

制作鸭胸和黄油土豆饼

1千克烤土豆，去皮后横向切成薄片

35克融化后的黄油

盐和胡椒

2片中等大小的去骨鸭胸，每片约170克，带皮

在一个大煎锅里混合切碎的红卷心菜泥、砂糖、醋和红酒，制作红卷心菜酱。先把这些混合物煮沸，然后转小火慢炖，不盖盖子，频繁搅拌，炖煮约40分钟，或者到液体被吸收为止。冷却至室温，然后冷藏。

将烤箱预热到220℃。在一个直径30厘米的重耐热煎锅或长柄煎锅（圆形烤盘也可）里涂好黄油。铺好土豆片，将它们轻轻重叠几层，重叠的过程中在每一层之间刷上融化后的黄油，并撒上盐和胡椒。用一片圆形耐油纸（羊皮纸）盖好土豆，烤制20分钟。去掉耐油纸，再烤制25分钟，直到土豆变棕变脆。

在烤制土豆的同时，在鸭胸的表面打网格状花刀，深度要切到脂肪，然后用盐和胡椒充分调味。鸭皮向下，放置在一个冷的铁煎锅或者长柄煎锅中，开中高火煎8到10分钟，或者到鸭皮变脆为止。把肉翻个面，继续煎3到5分钟，煎至三分熟。将鸭胸放在室温下冷却约5分钟，然后对角切开。将土豆切成两份，将鸭胸放在土豆上，趁热端上桌，以红卷心菜酱佐餐。

早上 7 点，透过套房宽阔的窗户，在苍蓝色的穹宇下，天空显出一片橘红，环绕着崎岖小山的黑色轮廓。现在，我们离开了卡鲁沙漠，经过三条隧道——我们在房间里的电视屏幕上看到的——置身于灌木丛生的山间，这样的风景让我们想起了美国西部。这里就是海克斯菲勒山谷。到餐车吃早餐的时候，我点了传统的英式丰盛早餐：单面煎荷包蛋，一根烤香肠，熏肉，快炒蘑菇，烤番茄和速烹牛排。

早餐过后，我们走到观景车厢，眺望西开普省山间茂密的葡萄园和乡村果园。车厢中的谈话充满了活力。一位从约翰内斯堡来的时髦女士自称纳尔逊·曼德拉的室内设计师，她是人们注意力的焦点，虽然实际上窗外的景色抢去了她的风头。早晨的时光在不经意间飞逝而过。当我们中午正点抵达开普敦的时候，桌山在左侧若隐若现。我再一次来到开普敦火车站，几乎在正好 23 年以前，我正准备着在这里第一次登上蓝色列车，体验我此前一无所知的豪华列车旅行。在上次旅行快要结束的时候，我完全想象不到 20 年后的蓝色列车会更加舒适奢侈。

在今天的南非，蓝色列车不是唯一一列超豪华列车，这里还有罗沃斯铁路公司的"非洲之傲"号列车，在不同的线路上运营。在 2000 年 6 月份登上蓝色列车前不久，我和妻子还搭乘了"非洲之傲"号。

漫步穿过罗沃斯铁路位于比勒陀利亚正北方、整洁得无可挑剔的 10 公顷首都公园建筑群时，我一度以为里头那些精心设计的火车模型套组是在许多人的阁楼或者地下室里组装的玩具。但这个首都公园建筑群是以 1∶1 的实际比例建造的，包括一处整洁的全规模殖民地风格火车站，有着完美的各种细节，而且虽然表面看起来像新建的，实际上却是在曾经用于训练实习工程师的建筑基础上进行的重建。这里还有约 12 条铁路修车厂轨道，装载着闪闪发亮、一尘不染的奶油色配绿色车厢，在远处轨道上，一台建于 20 世纪 40 年代的蒸汽机车正从机车与车厢车间里驶出。

首都公园的布局其实是一个人创作的私人铁路设计：罗汉·沃斯（他的公司"罗沃斯"由此得名）。沃斯在汽车零件生意中发家致富，并且热爱火车。他在 1999 年 4 月 29 日出版的一本纪念罗沃斯公司十周年的册子中写道："40 岁时我手头宽裕。53 岁时我虽然破产，但拥有了一套伟大的火车玩具①。"[5] 在罗沃斯铁路开始运营"非洲之傲"号列车后的几年里，列车因其奢华高端的服务在全世界范围内赢得了赞誉，至今还保留着少量的蒸汽机车。

距离我们的蓝色列车冒险大约还有一周时，我和妻子来到首都公园，准备前往维多

---

① 原文为 train set，意为包括相关设备、房屋等的火车玩具。

罗沃斯铁路的"非洲之傲"号列车观景车厢上的开放平台，是饱览美景的理想之地。

首都公园里打磨锃亮的"布兰达"号机车，在挂上列车车厢之前亮相。

利亚瀑布^①。瀑布旅行线在1994年开始运营，作为罗伊斯公司的主打产品在可选行程清单上一直保留至今。在出发前不久，我们听说这趟旅行不是直达维多利亚瀑布的经典路线，而是先向东前往克留格尔国家公园然后折返的环线，其中包括一趟由南非航空公司历史航线的DC-4飞机执飞的短途旅行。

在早晨10点出发前约一小时，乘客们开始聚集在舒适的候车室里。法式大门通向一处平台，瓷砖马赛克铺成的指南针图案中间是罗沃斯铁路的标志。马赛克间还镶嵌着瓷砖，标记罗沃斯铁路几条不同线路的终点：开普敦、达累斯萨拉姆^②、维多利亚瀑布。一位大提琴兼小提琴师演奏着轻古典音乐选曲，与此同时列车乘务员分发着香槟、橙汁和含羞草鸡尾酒。

砖砌月台上流水潺潺的喷泉的一侧，立着一位优雅尊贵的客人：一节被命名为"布兰达"的蒸汽机车，擦洗得十分美观，铜质的装饰物熠熠生辉。罗汉和安西娅·沃斯有三个女儿和一个儿子，每一个孩子都有一节用他们的名字命名的蒸汽机车，罗汉的母亲玛乔里也有一节命名机车。（现在，沃斯夫妻的女儿布兰达·沃斯是罗沃斯铁路的宣传经理。）"非洲之傲"号列车早期大规模使用蒸汽牵引，但这种情况现在已大为改变——南非的铁路系统已逐步拆除了用于支持蒸汽机车所需的基础设施。2000年前后，蒸汽扮演的角色已经退化成了仪式性的，蒸汽机车被用来带动列车驶入或者驶出首都公园的罗沃斯火车站，一小时后将列车移交给电力或者柴油驱动的机车。现在甚至这种情况都不再有了。"我们的铁娘子们（蒸汽机车）在每次列车驶离和开进罗沃斯火车站时会派上用场，"沃斯女士说，"它们牵引着列车进出站台，但不会离开我们60英亩的地产范围。它们基本上是博物馆里的展品。"⁽⁶⁾

我们2000年乘坐的时候，"布兰达"号机车确实是一道惹人喜爱的风景：它在站台上轻柔地冒着蒸汽，供乘客欣赏；直到临近出站时，才驶进列车修理区，挂载上列车车厢。这个雾蒙蒙的早晨留存着一种凉爽潮湿的柔和气息，所以机车转弯驶出罗沃斯铁路场地时，环绕着一团白色的蒸汽、烟尘和薄雾。一段时间过后，机车的喷气声稳定下来并逐渐消失，然后在一处向上的斜坡上发出一声响亮的咆哮，很快又变成加速时满足的吼叫。汽笛令人振奋地高声尖叫着，这声音对美国人来说有些不适应，我们习惯的火车汽笛更加悦耳动听。我把窗户放下来，带上为乘客提供的塑料护目镜，享受着这短暂蒸汽火车体验的每个瞬间。

---

① 维多利亚瀑布（Victoria Falls），位于非洲赞比西河中游，在赞比亚与津巴布韦之间，是世界三大瀑布之一，宽约1.7千米，高约128米，是南部非洲最重要的旅游景点之一。

② 达累斯萨拉姆（Dar es Salaam），坦桑尼亚最大的城市、旧首都。

意大利熏火腿片裹鮟鱇鱼配热豆泥（4 人份）

这道菜是蓝色列车乘客的最爱之一，以鮟鱇鱼（又称琵琶鱼）作为特色，这种鱼的味道和质地都和龙虾相似。

300 克冷冻嫩白扁豆，或者 400 克罐装黄油豆
90 毫升橄榄油，分开使用
3 个大蒜瓣，切碎
1 汤勺柠檬汁
4 片鮟鱇鱼片，每片 140 克
半个柠檬挤出的汁
4 片薄意大利熏火腿片
1/2 茶勺现磨黑胡椒粉

首先制作豆泥：在盐水中炖煮冷冻豆子，直到豆子变得非常软；然后滤干水分，置于食物处理机中，加入 4 茶勺橄榄油、蒜和 1 汤勺柠檬汁，一同打成豆泥。加入盐和胡椒调味。（如果使用罐装豆子，要先用冷水漂洗后滤干，再与其他食材打成豆泥。）上菜前在平底锅中加热豆泥。

将烤箱预热到 220℃。在鮟鱇鱼片上撒上柠檬汁和胡椒，分别用一片意大利熏火腿包好。在直径 30 厘米的耐热炒锅或长柄煎锅中加入 2 汤勺热橄榄油，把火腿片每面煎 2 到 3 分钟，然后置于烤箱中再烘烤 7 到 8 分钟。表面浇上热豆泥后端上桌。

罗沃斯公司号称提供世界上最宽敞的铁路住宿空间。我们的皇家套房里有一张固定的双人床，一个带有免费迷你吧以及咖啡和茶具托盘的橱柜，开阔的壁橱与顶部储物架（能满足时间远长于此的旅途需要），以及不仅带有淋浴间，还附带四脚浴缸的浴室。这个浴室还有一个名字，叫"林波波室"①，得名于一条区域河流，用深色木质饰板镶嵌，配备了许多令人愉快的物件，包括浴袍、吹风机和一包装得满满的旅行洗护用品。夜床服务包括设定好咖啡壶的早晨冲煮，我们第二天醒来时只需拨动一下开关。如今富丽堂皇的车厢，在1977年建成时只是一节可供36人住宿的普通卧铺车厢，没有什么特别之处。目前，这节车厢上只布置了两套皇家套房，因此原本可容纳36人过夜的车厢现在只睡4个人。若是安排与皇家套房相似、只是不带浴缸的豪华套房，一节车厢则可安排3间。

罗沃斯铁路的历史始于罗汉·沃斯购买了几节火车车厢，修复后用于家庭假日出游。"整件事是从餐车开始的，"他告诉我，他们还保留着这些列车上的明珠。(7)该公司的第一节餐车在1986年购得，名为"尚加尼"②号，制造于1924年，是有着南非铁路鲜明特征的"有柱式"餐车。我们在"尚加尼"号上享用过一顿午餐，菜肴包括一道鸭肉和鸵鸟肉的风味冷盘、烤南非鳗、香蕉配咖喱酱，以及冻柑橘慕斯。这节餐车使用美观的深色木料装饰，配备了柱子和拱门支撑其间，伴随着吱嘎声奏成的交响曲向东驶去，让人联想到旧式的蒸汽轮船或游艇。早餐时我们可以选择传统的英式早餐或者自助冷餐，我们选择的后者中包括：6种奶酪，一些肉类，腌鲱鱼和烟熏鲑鱼，以及多种新鲜水果和干谷物麦片。

在"非洲之傲"号餐车菜单上的各种菜肴中，午餐的选择包括：传统的南非咖喱肉末，这道菜的下面是厚厚一层加入温和香料的牛肉末，上面铺一层咸味蛋奶酱馅料，在烤箱中烤制而成，上菜时搭配甜椒酸辣酱、猕猴桃和香蕉；串烤柠檬辣虾，上菜时搭配生菜沙拉加灯笼椒、甜豌豆和黄瓜，淋上香菜生姜调味汁。晚餐时的主菜则可以从慢烤去骨高原羊腿配奶油土豆和嫩豌豆荚、蘑菇和快炒罗马番茄，或者烤皇后海扇贝（一种小扇贝）配荷兰酱中选择。(8)

在今天的南非，除了蓝色列车和罗沃斯铁路运营的列车之外，还有别的长途列车可供选择，其中一列也被认为是豪华级列车：索索洛扎美尔的"首选列车"。"首选列车"是该公司的顶级火车，在来往于约翰内斯堡和开普敦、约翰内斯堡和德班的路线上运行。索索洛扎美尔对"首选列车"的最好定义应该是"可负担的豪华"，车上配备一到两人入住的隔间或者家庭包厢。盥洗室（如厕设施）是公用的——除了重新装潢的蓝色

---

① 林波波河（Limpopo），南部非洲注入印度洋的第二大河流，发源于博茨瓦纳和南非交界地区。
② 尚加尼河（Shangani），一条津巴布韦境内的河流。

列车与私营的罗沃斯铁路列车之外，南非的列车上都是如此。"首选列车"餐车上的餐食包括完整的英式早餐、含四道菜的午餐、传统的英式下午茶和含五道菜的晚餐。索索洛扎美尔还在这些线路和加开线路上提供游客卧铺车厢，配备更多的基础隔间和睡房，以及略微逊色的餐车。在这些火车上，餐费不包含在车票中，与"首选列车"上相反。[9]

传统开普白兰地布丁配英式奶油（8 到 10 人份）

这是一种经典南非甜品，含有少量白兰地，又名"醉酒挞"，在南非荷兰语中被称为 dadelpoeding，意为椰枣布丁，其烹饪方法在西开普地区流传已久。下面是在罗沃斯铁路的"非洲之傲"号列车上的做法。

制作英式奶油

120 毫升牛奶

120 毫升打发的鲜奶油

1 茶勺香草精

3 个大个儿的蛋黄

3 汤勺砂糖

制作布丁

250 克去核椰枣干，切碎（分别使用）

1 茶勺小苏打（苏打粉）

240 毫升开水

125 克黄油，软化

200 克精制白砂糖

2 个大个儿鸡蛋，轻轻搅打

240 克面粉

1 茶勺泡打粉

1 茶勺肉桂粉，另备少许用作装饰

1/2 茶勺盐

150 克（1 又 1/3 杯）核桃粉或碧根果粉

2 个中等大小橙子的橙皮，切碎

制作白兰地酱

350 克软红糖

120 毫升水

1 汤勺黄油

一大撮盐

120 毫升白兰地

1 茶勺香草精

提前制作英式奶油。在一个中等大小的重煎锅里加入牛奶、打发的鲜奶油和 1 茶勺香草精，用中火慢慢煮沸，然后把锅从火上移开。在中碗里充分搅打蛋黄和砂糖，并缓缓将热牛奶混合物和蛋黄混合物搅在一起。重新将混合后的蛋奶酱倒入煎锅内，开小火不断搅拌约 5 分钟（不要煮沸），直到蛋奶酱变稠可以挂在勺子上。把蛋奶酱放凉，不时搅拌，然后盖上盖子冷藏。

将烤箱预热到 180℃。将椰枣分成 2 等份，将其中 1 份置于搅拌碗中。撒上小苏打，在椰枣干上倒入开水，拌匀。放在一旁冷却。

在大搅拌碗中一同搅打黄油和砂糖，然后加入鸡蛋，充分打发，直到混合物变成顺滑的奶油状。在混合物上筛入面粉、泡打粉、肉桂粉和盐，并拌入其中。加入坚果碎和 1 份干椰枣，充分搅拌。在布丁面糊中搅入另 1 份椰枣和苏打粉的混合物（以及混合物中没有被吸收的液体）。加入橙皮碎，充分混合。

在一个 28 厘米见方的玻璃烤盘中涂上黄油，铺上布丁面糊。在烤箱中无覆盖烤制 40 分钟，直到压布丁中心位置有弹性时为止。

在烤制布丁的同时制作白兰地酱。在小煎锅中加入砂糖、水、黄油和盐，用小火煮至微微冒泡后继续煮 5 分钟。把煎锅从火上移开，搅入白兰地和香草精。用 1 根牙签在热布丁顶部扎一个洞，然后在布丁上倒满白兰地酱。上菜时将布丁置于一碗英式奶油中，顶部洒上肉桂粉。

"非洲之傲"号列车的厨房供应极佳的餐食。

罗沃斯铁路优雅的餐车中的微笑服务。

南非咖喱肉末（8 人份）

在罗沃斯铁路的"非洲之傲"号列车上供应的咖喱肉末是一道传统的午餐菜肴：下面是一层用少许香料腌制过的牛肉末或者羊肉末（也可以是二者兼有），搭配一层烤制咸味蛋奶酱，上桌时配酸辣酱和新鲜水果莎莎酱。这道菜的菜谱源自南非的开普马来人[①]。

制作咖喱肉末
1 千克瘦牛肉末或羊肉末（也可以是二者兼有）

2 片厚全麦面包

240 毫升开水

2 个中等大小的洋葱，切细

30 克黄油

1 到 2 个大蒜瓣，拍碎

2 茶勺咖喱粉

小茴香粉和香菜粉各 1 又 1/2 茶勺

姜黄粉和姜粉各 1 又 1/2 茶勺

2 茶勺口感好的杏子酱

75 克葡萄干或无籽葡萄干（可选）

60 毫升红酒醋或柠檬汁

50 克烘烤过的去皮或未去皮杏仁，切碎

2 个超大个儿的鸡蛋

240 毫升酸奶油

8 到 10 片月桂叶

盐与现磨黑胡椒

[①] 开普马来人（Cape Malay），是南非有色人种的一支，人口大概 20 万，多数是生活在开普敦的爪哇族，大部分是在荷兰东印度公司统治印尼时期来到南非。

制作水果莎莎酱

3 个猕猴桃，切片

2 个香蕉，切片

500 克切碎的杏干

50 克红灯笼椒和青椒

半个青柠檬挤出的汁

扁杏仁，用作装饰

将烤箱预热到 180℃。在长柄煎锅中用少许油将一半肉末煎至棕黄色，并用木勺或者大叉子分成小份。将小份肉末从煎锅中取出，在同一个锅里将剩下的另一半肉末煎至棕黄色。出锅备用。

把开水倒在碗里，并浸泡面包。在上述煎锅中，用黄油快炒洋葱至透明。加入蒜、咖喱、小茴香、香菜、姜黄粉和姜粉，继续快炒 1 到 2 分钟。将所有肉末重新加入煎锅中。挤出面包里的水分，把面包加入肉末中并充分混合。煮至微微起泡，盖上锅盖，继续煮 15 到 20 分钟。加入果酱和葡萄干（如果要用的话），并用醋、盐和胡椒调味。用勺子将肉舀进一个 2 升的耐热玻璃烤盘中，洒上杏仁。

混合鸡蛋和酸奶油并打发。将打发后的混合物用勺子舀到肉末上，将月桂叶塞到肉末的边缘处，然后放进烤箱，无覆盖烤制 35 到 40 分钟，或者烤到肉末变成金棕色。在上桌前取掉月桂叶。与此同时，将猕猴桃、香蕉、杏仁、辣椒和青柠汁一同搅拌，制作水果莎莎酱。在每一份的顶部放少许扁杏仁。

将烤好的咖喱肉末端上桌时，搭配梅杰·格雷牌酸辣酱和水果莎莎酱。

引文出处

三明治、咸点和草莓菲士：在疾驰的"飞翔的苏格兰人"号上用餐——亚当·巴里克

［1］'Flying Scotsman's 70th Birthday 392 Miles in $7\frac{1}{2}$ Hours', *Dundee Evening Telegraph*，29 June 1932，p. 5.

［2］Charles Rous-Marten，*Notes on the Railways of Great Britain*（Wellington，1887），p. 13.

［3］*The American Railway Journal*，xxxviii（1884），p. 206.

［4］'Cuttings from the "Comics"'，*Bridport News*，7 February 1890，p. 8.

［5］Anthony Trollope，*He Knew He Was Right*（London，1869），p. 292.

［6］G. H. Turner，*Pocket Guide to the Midland Railway of England*（London，1894），p. 76.

［7］'New East Coast Corridor Trains'，*London Evening Standard*，30 June 1896，p. 2.

［8］Victoria Breething，'The *Flying Scotsman's* Wonderful Kitchen'，*Leeds Mercury*，1 October 1925，p. 4.

［9］'The Man Who Feeds the Flying Scotsman'，*Dundee Evening Telegraph*，14 June 1928，p. 2.

［10］Stuart George，'Off the Rails: London and North Eastern Railway Wine List from 1936'，www.stuartgeorge.net，21 April 2016.

［11］A. E. Rogers，*A Century of Meals on Railway Wheels*，National Railway Museum，York，UK（hereafter NRM），Archive Inventory No. als5/37/c/5.

［12］'Notice. Railway Executive Committee. No Restaurant Cars. Withdrawal of Restaurant Cars from 5 April 1944'，NRM，Archive Inventory No. 1978-2689.

［13］'Menu，London & North Eastern Railway（LNER）luncheon menu for the Royal Station Hotel，York，17 May，1941'，NRM，Archive Inventory No. 2003-8826.

［14］'Menu，London & North Eastern Railway（LNER）luncheon menu for the North British Station Hotel，Edinburgh，6 September，1941'，www.ebay.co.uk，accessed 23 October 2016.

［15］Raymond Postgate，'Railway Fare'，*The Spectator*，4 August 1960，p. 28.

［16］'Leading Article：A Nation Split by the Great British Sandwich'，www. independent. co.uk，16 May 1997.

［17］Nigel Bunyan，'Revealed：The Secrets of a British Rail Sandwich'，www. telegraph. co. uk，22 November 2002.

［18］Sharon Hudgins，'Making Tracks to Dinner on the Diner'，www.europeantraveler. net，7 October 2016.

［19］'East Coast Train Shake-up to Include *Flying Scotsman*'，www.bbc.co.uk，23 May 2011.

［20］'Dine Behind *Flying Scotsman*'，www. fly-ingscotsmanatelr.com/dine，10 September 2016.

法国香槟，土耳其咖啡：东方快车上的飨宴与急速飞驰——亚利·德波尔

［1］Henri Opper de Blowitz，*Un course à Constantinople*，3rd edn（Paris，1884），p. 9.

［2］Roger Commault，'Le Centenaire du train d'essai Paris-Vienne'，in unknown French magazine，1982），pp. 26–27，author's collection.

［3］Jean des Cars and Jean-Paul Caracalla，*The Orient-Express：A Century of Railway Adventures*（London，1987），p. 22.

［4］Blowitz，*Un Course à Constantinople*，p. 6.

［5］Georges Boyer，'L'Orient á toute vapeur'，*Le Figaro*，20 October 1883.

［6］A. Laplaiche，'L'Orient-Express'，*La Nature*，575（7 June 1884），p. 6.

［7］Edmond About，*L'Orient-Express*［*De Pontoise à Stamboul*］（Paris，2013），p. 57.

［8］Cy Warman，*Tales of an Engineer*（New York，1895），p. 129.

［9］Ibid.，p. 127.

［10］Joseph Riley，*My Eastern Journey* 1889，unpublished transcription by J. L. Riley，J. B. Priestley Library，University of Bradford，2007.

［11］*Orient Express* price list 1887–8，author's collection.

［12］Margaret Elizabeth Leigh Child-Villiers，*Fifty-one Years of Victorian Life*（New

York, 1922）, p. 236.

［13］Ibid.

［14］Pierre Loti, '15 mai 1890', in *Cette éternelle nostalgie. Journal intime*, 1878–1911（Paris, 1997）. Cited in Pierre Escaillas, 'Orient Express', 20 March 2008, http：// debarcaderes.over-blog. com.

［15］Jürgen Klein, *Die Grandhotels der Internationale Schlafwagengesellschaft*（Mönchengladbach, 2012）, p. 68.

［16］Ibid., p. 131.

［17］Elysée Palace menu, 16 July 1900, via http：//menus.nypl.org, accessed 1 October 2016.

［18］Jeri Quinzio, *Food on the Rails：The Golden Era of Railroad Dining*（Lanham, MD, 2014）, p. 137.

［19］John Dos Passos, *Orient Express*（New York, 1927）, p. 15.

［20］George Behrend quoted in Michael Barsley, *Orient Express：The Story of the World's Most Fabulous Train*（London, 1966）, p. 128.

［21］Ibid., p. 133.

［22］Beverley Nichols, *No Place Like Home*（London, 1936）, p. 47.

［23］Sir Roy Redgrave, 'A Passage to Rumania', *Orient Express Magazine*（1986）, at www.tkinter. smig.net, accessed 1 October 2016.

［24］Roy Rowan, '*life* rides the Simplon Orient Express', *life*（11 September 1950）, pp. 137-45.

［25］Arjan den Boer, 'Jack Birns Photographs the *Simplon Orient Express* in 1950, Part 5：Yugoslavia', www.retours.eu, 27 August 2013.

［26］Rowan, '*life* rides the *Simplon Orient Express*', p. 139.

［27］Joseph Wechsberg, 'Take the Orient Express', *New Yorker*（22 April 1950）, p. 89, available at www.josephwechsberg.com.

［28］Werner Sölch, *Orient-Express：Glanzzeit und Niedergang eines Luxuszuges*（Düsseldorf, 1974）pp. 126-7.

［29］Paul Theroux, 'Misery on the Orient Express', *Atlantic Monthly*, 1（1975）, pp. 30-36.

［30］James Sherwood and Ivan Fallon, *Orient- Express：A Personal Journey*（London, 2012）, Chapter 1, accessed via https：//books.google. com.

[31] Shirley Sherwood, *Venice Simplon Orient-Express: The Return of the World's Most Celebrated Train* (London, 1985), p. 124.

[32] 'An Interview with the Head Chef of the *Venice Simplon-Orient-Express*', www. kuoni. co.uk, accessed 1 October 2016.

[33] '*Venice Simplon-Orient-Express* Launches New Spring Menus with Michelin-star Chef Guy Martin', www.belmond.com, 13 April 2016.

[34] Robin McKie, 'Final Call for Passengers on the *Orient Express* as Service is Scrapped', *The Observer*, 6 December 2009, www.theguardian. com.

从鱼子酱到神秘的肉：在跨越欧亚大陆的西伯利亚铁路上吃饭——莎朗·哈金斯

[1] Arnot Reid, *From Peking to Petersburg*, 2nd edn (London, 1899), p. 194.

[2] Robert L. Jefferson, *Roughing It in Siberia* (London, 1897), pp. 8-10.

[3] John W. Bookwalter, 'A Ride on the Trans- Siberian Railroad in 1899', *Ainslee's Magazine*, May 1899, at www.digitalhistoryproject.com.

[4] Revd Francis E. Clark, *A New Way Around an Old World* (London, 1901), p. 37.

[5] Harmon Tupper, *To the Great Ocean: Siberia and the Trans-Siberian Railway* (Boston, MA, 1965), pp. 274-5; Eve-Marie Zizza-Lalu, *Au bon temps des wagons-restaurants* (Paris, 2012), p. 103; Jürgen Klein, *Die Grandhotels der Internationalen Schlafwagengesellschaft* (Mönchengladbach, 2012), pp. 161, 217, 218.

[6] Arjan den Boer, 'Panorama Transsibérien': The Trans-Siberian Express at the Paris Universal Exposition of 1900', *retours*, www.retours.eu, November 2014.

[7] Quoted in Tupper, *To the Great Ocean*, pp. 354-5.

[8] E. Burton Holmes, *The Burton Holmes Lectures*, vol. viii (New York, 1905), p. 246.

[9] Henry Norman, MP, *All the Russias: Travels and Studies in Contemporary European Russia, Finland, Siberia, the Caucasus, and Central Asia* (New York, 1902), p. 104.

[10] Ibid., pp. 142, 145.

[11] Michael Meyers Shoemaker, *The Great Siberian Railway from St Petersburg to Pekin* (New York and London, 1903), p. 116.

[12] John Foster Fraser, *The Real Siberia* (New York, 1902), p. 28.

［13］Russian Railways, 'The Company/History', www.eng.rzd.ru, accessed 21 October 2014.

［14］Quoted in Tupper, *To the Great Ocean*, p. 408.

［15］Quoted in Anne Meinhardt and Olaf Meinhardt, *The Trans-Siberian Railway: From Moscow to the Pacific Ocean* (Munich, 2008), p. 100.

［16］Mildred Widmer Marshall, *Two Oregon Schoolma'ams, around the World, 1937-via Trans-Siberian Railroad* (Woodburn, or, 1985), p. 87.

［17］Author's interview with Ray Ehrensberger, University of Maryland University College Chancellor Emeritus, College Park, md, Spring 1996.

［18］Russian Railways, 'The Company/History', http: //eng.rzd.ru, accessed 21 October 2014.

［19］Eric Newby, *The Big Red Train Ride* (London, 1978), p. 26.

［20］Ibid., pp. 34-5.

［21］Russian Railways, 'The Company/History'. 22 Sharon Hudgins, *The Other Side of Russia: A Slice of Life in Siberia and the Russian Far East* (College Station, tx, 2003), pp. 56-7.

［23］Anthony Lambert, 'Trans-Siberian: Great Train Journeys', www.telegraph.co.uk, 9 November 2012.

［24］Mark Smith, 'Trans-Siberian Railway – Sample Restaurant Car Menus', www.seat61.com, accessed 25 October 2015.

［25］John Lee, 'Beijing to Moscow: Six Days on the Trans-Siberian', *Russian Life*, xliv/3 (2001), p. 38.

［26］Author's telephone interview with Tim Littler, founder of gw Travel (now Golden Eagle Luxury Trains Ltd), 5 May 2006.

［27］Author's interview with chef Il' khomudin Kamolov aboard the *Golden Eagle Trans- Siberian Express*, August 2006.

［28］From complete set of *Golden Eagle Trans-Siberian Express menus*, Moscow to Vladivostok, 2014.

全体上车：圣塔菲"超级酋长"号上的经典美式菜单——卡尔·齐默尔曼

［1］Mike Schafer, *All Aboard Amtrak* (Piscataway, nj, 1991), p. 89.

［2］Quoted in Stephen Fried, *Appetite for America*（New York，2010），p. iv.

［3］Stan Repp, *The Super Chief, Train of the Stars*（San Marino，ca，1980），p. 100.

［4］James D. Porterfteld, *Dining by Rail*（New York，1993），p. 174.

［5］This journey was ftrst recounted by the author in 'A Miracle of Rare Device', *National Review*，15 May 1971，pp. 655-65，and subsequently in 'Remembering the Super Chief'，in Santa Fe *Streamliners: The Chiefs and their Tribesmen*（New York，1987），pp. 5-9.

［6］Author's interview with Chet Riedemann aboard the *American Orient Express*，May 2005，en route from Washington，dc，to Los Angeles.

［7］Fred W. Frailey, *Twilight of the Great Trains*（Bloomington，in，2010），p. 55.

红鲑鱼和萨斯卡通浆果馅饼：加拿大长途旅行中的的风味食品——朱迪·克洛瑟

［1］James D. Porterfteld, *Dining by Rail*（New York，1993），p. 41.

［2］Ibid.，p. 42.

［3］Joseph Husband, *The Story of the Pullman Car*（Chicago，il，1917），p. 7.

［4］Robert E. Legget, *Railways of Canada*（Vancouver，1973），p. 176.

［5］Author's conversation with curator Jean-Paul Viator，Canadian Railway Museum，Saint-Constant，Quebec，20 June 2016.

［6］Agnes Macdonald，'By Car and by Cowcatcher'，*Murray's Magazine*（London），1（1887），p. 215.

［7］Elizabeth Ellen Cameron Spragge, *From Ontario to the Pacific by the cpr*（Toronto，1887），p. 30.

［8］David Laurence Jones, *Famous Name Trains: Travelling in Style with the cpr*（Calgary，2006），p. 56.

［9］Bill McKee and Georgeen Klassen, *Trail of Iron*（Calgary，1983），p. 147.

［10］Porterfteld, *Dining by Rail*，p. 48.

［11］Jones, *Famous Name Trains*，p. 61.

［12］Department of Public Relations, *Canadian Pacific Facts and Figures*（Montreal，1946），p. 175. 13 Jones, Famous Name Trains，p. 56.

［14］Ibid.，p. 59.

[15] Ibid., p. 58.

[16] *Canadian Pacific Facts and Figures*, p. 178.

[17] Author's conversations with chef Steve Wood on a via Rail train from Vancouver to Edson, Alberta, 22-3 December 2015.

[18] Author's conversation with traveller, 2 July 2016.

袋鼠、鳄鱼和蛋奶酱：在"甘"号铁路上吃遍澳洲内陆——戴安娜·诺伊斯

[1] Quoted in Kenn Pearce, *Riding the 'Wire Fence' to the Alice: Memories of the Old Ghan Railway* (Elizabeth, South Australia, 2011), p. 41.

[2] Ibid., pp. 41-3.

[3] Christine Stevens, *Tin Mosques and Ghantowns* (Alice Springs, 2002), p. viii.

[4] Pearce, *Riding the 'Wire Fence'*, p. 42.

[5] Tony Kelly, 'Early Days and Camel Patrol', www.users.on.net, July 2000.

[6] Pearce, *Riding the 'Wire Fence'*, p. 32.

[7] Heather Parker, *The First Fifty Years: Golden Jubilee History of the South Australian Country Women's Association* (Adelaide, 1979), p. 70.

[8] Ibid., p. 75.

[9] Ibid., pp. 69-71.

[10] Ibid., pp. 69-70.

[11] Lizzie Collingham, *The Taste of War: World War Two and the Battle for Food* (London, 2011), pp. 443-4.

[12] Special Service Division, Services of Supply, United States Army, issued by War and Navy Departments, Washington, dc, *Instructions for American Servicemen in Australia*, 1942 (repro- duced from the original, Camberwell, Victoria, 2006), p. 16.

[13] Patrick J. (Paddy) Greenfteld, ts 1162, *Typed Transcripts of Oral History Interviews with 'ts' prefix*, 1979-ct, pp. 13-14. Northern Territory Archives Service, Darwin, ntrs 226. Interview conducted at Port Pirie, South Australia, in February 2006 by Meg Kellham, pp. 13-14.

[14] Ibid.

[15] Australian Commonwealth Railways, 'Central Australia Railway Time Table', 10 November 1963, www.comrails.com.

［16］Greenfteld, ts 1162, pp. 13-14.

［17］Kelly, 'Early Days', p. 6.

［18］Author's Interview with Greg Fisher, Train Manager, Great Southern Rail, November 2015.

［19］'Ghan Crew's Christmas Greeting', *Centralian Advocate*, Wednesday 24 December 1952, p. 4, at www.trove.nla.gov.au, accessed 10 June 2015.

［20］Pearce, *Riding the 'Wire Fence'*, p. 44.

［21］Kelly, 'Early Days', p. 7.

［22］Pearce, *Riding the 'Wire Fence'*, p. 68.

［23］Keith Easton, *Narrow Guage Jounral*, 8：*The Ghan and the Men that Worked the Line*（2003）, p. 10.

［24］Author's interview with Russel Seymour, Chef de Partie, Great Southern Rail, November 2015.

［25］The *Indian Pacific* is Australia's other great long-distance train. It traverses the continent east to west, connecting Sydney with Perth, travelling 4, 530 km（2, 720 mi.） twice weekly in each direction.

速食：在日本的"子弹列车"上品尝便当——梅丽·怀特

［1］Kikuko Oda, 'Historical Change in Ekiuri-bento in Japan', *Journal of Contemporary Culture*, 778（2005）, pp. 15-28.

［2］Toshiki Utsu, 'Dining Car and Meal Services on the Train', *Japan Railway and Transport Review*, 58（February 2012）, p. 12.

［3］Jennifer Callaghan, personal communication, 1976.

［4］Paul Noguchi, 'Savor Slowly: The Fast Food of High-speed Japan', *Ethnology*, xiii/4（Autumn 1994）, pp. 317-330.

来份咖喱，再倒杯茶：在大吉岭——喜马拉雅铁路上怎么吃——阿帕拉吉塔·慕克帕德亚

［1］Robert Lee, *The Darjeeling Himalayan Railway*, *India: Railways as World Heritage Sites*（Paris, 1999）, p. 19.

［2］G. Huddleston，*History of the East Indian Railway*（Calcutta，1906）．

［3］T. Martin，*The Iron Sherpa：The History of the Darjeeling Himalayan Railway*（Chester，2010），p. 61.

［4］*The Darjeeling Himalayan Railway：Illustrated Guide for Tourists*（London，1896），p. 9.

［5］C. V. Llyd，Government Inspector of Railways，Calcutta，*Eastern Bengal Railway：Inspection Report for the Half-year Ending* 30 *th June* 1904，British Library，London，Volume Reference ior/p/7089.

［6］G. V. Martyn，Senior Government Inspector of Railways，Calcutta，*Eastern Bengal Railway：Inspection Report for the Second Half-year of* 1900，British Library，London，Volume Reference ior/p/6153.

［7］Rustum Pacha，'Darjeeling'，*Calcutta Review*，224（April 1901），p. 265.

［8］Ken Staynor，'Travelling by Train in the Days of the Raj：Restaurant Cars and Refreshment Rooms'，Indian Railways Fan Club，www.irfca. org，accessed 5 February 2017.

［9］Personal communication from Ted Scull，6 February 2017.

［10］Zoë Renfrew，'All Aboard the Darjeeling Himalayan Express!'，28 November 2014，www.currylifeblog.blogspot.co.uk.

［11］Peter Jordan，'2003 Tour Report'，*Darjeeling Mail*，27（August 2004），p. 7.

烤咖喱馅饼、炸南非鳗和巧克力小锅：南非豪华列车上的传统美食——卡尔·齐默尔曼

［1］Karl R. Zimmermann，*Paradise Regained：A South African Steam Diary*（Oradell，nj，1979），pp. 8-9.

［2］See www.bluetrain.co.za，accessed 10 September 2016.

［3］See www.shosholozameyl.co.za，accessed 5 January 2017.

［4］See www.bluetrain.co.za，accessed 10 September 2016.

［5］*Rovos Rail 10th Anniversary Commemorative Publication*（Cape Town，1999），p. 1.

［6］Email interview with Brenda Vos，Rovos Rail communication manager，2 July 2016.

［7］Author's conversation with Rohan Vos at his Capital Park office，21 June 2000.

［8］Menus provided by Michelle Ferreira，Rovos Rail food and beverage manager.

［9］See www.shosholozameyl.co.za，accessed 5 January 2017.

参考书目

三明治、咸点和草莓菲士：在疾驰的"飞翔的苏格兰人"号上用餐

Cole，Beverley，and Richard Durack，*Railway Posters*，1923—1947（London，1992）

Gwynne，Bob，*The Flying Scotsman：The Train，the Locomotive，the Legend*（London，2011）

Kerr，Michael，ed.，*Last Call for the Dining Car*（London，2009）

McLean，Andrew，*The Flying Scotsman：Speed，Style and Service*（London，2016）

Martin，Andrew，*Belles & Whistles*（London，2014）

Sharpe，Brian，*The Flying Scotsman：The Legend Lives on*（Barnsley，2009）

法国香槟，土耳其咖啡：东方快车上的飨宴与急速飞驰

Behrend，George，*Luxury Trains from the Orient Express to the tgv*（New York，1977）

Boer，Arjan den，*Orient Express History*，iPad app and eBook（Utrecht，2015）

Cars，Jean des，and Jean-Paul Caracalla，*Sleeping Story：l'épopée des wagons-lits*（Paris，1976）

—，*The Orient-Express：A Century of Railway Adventures*（London，1987）

Sherwood，Shirley，*Venice Simplon Orient- Express：The Return of the World's Most Celebrated Train*（London，1985）

Sölch，Werner，*Orient-Express：Glanzzeit und Niedergang eines Luxuszuges*（Düsseldorf，1974）

Zizza-Lalu，Eve-Marie，*Au bon temps des wag-ons-restaurants*（Paris，2012）

从鱼子酱到神秘的肉：在跨越欧亚大陆的西伯利亚铁路上吃饭

Boer，Arjan den，'Parorama Transsiberien：The Trans-Siberian Express at the Paris Universal Exposition of 1900'，retours，www.retours.eu，November 2014

Dmitriev-Mamonov，A. I.，and A. F. Zdziarski，eds，*Guide to the Great Siberian Railway*（St Petersburg，1900）

Manley，Deborah，ed.，*The Trans-Siberian Railway：A Traveller's Anthology*（New York，1988）

Meinhardt，Anne，and Olaf Meinhardt，*The Trans-Siberian Railway：From Moscow to the Pacific Ocean*（Munich，2008）

Newby，Eric，*The Big Red Train Ride*（New York，1978）

Tupper，Harmon，*To the Great Ocean：Siberia and the Trans-Siberian Railway*（Boston，ma，1965）

全体上车：圣塔菲"超级酋长"号上的经典美式菜单

Frailey，Fred W.，*Twilight of the Great Trains*（Bloomington，in，1998）

—，*Zephyrs，Chiefs and Other Orphans*（Godfrey，il，1977）

Fried，Stephen，*Appetite for America：How Visionary Businessman Fred Harvey Built a Railroad Hospitality Empire that Civilized the Wild West*（New York，2010）

Holister，Will C.，*Dinner in the Diner：Great Railroad Recipes of All Time*（Los Angeles，ca，1965）

Porterfteld，James D.，*Dining by Rail：The History and Recipes of America's Golden Age of Railroad Cuisine*（New York，1993）

Repp，Stan，*The Super Chief：Train of the Stars*（San Marino，ca，1980）

Richards，C. Fenton，Jr，Robert *Stein and John Vaughn*，*Santa Fe：The Chief Way*（Santa Fe，nm，2001）

Schafer，Mike，*All Aboard Amtrak：A 20-year Salute to the National Railroad Passenger Corporation*（Piscataway，nj，1991）

Zimmermann，Karl，*Domeliners：Yesterday's Trains of Tomorrow*（Waukesha，wi，1998）

—，*Santa Fe Streamliners：The Chiefs and Their Tribesmen*（New York，1987）

红鲑鱼和萨斯卡通浆果馅饼：加拿大长途旅行中的的风味食品

Berton，Pierre，*The Last Spike：The Great Railway*，1881—1885（Toronto，1971）

Jones，David Laurence，*Famous Name Trains*（Calgary，2006）

Legget，Robert F.，*Railways of Canada*（Vancouver，1973）

MacKay，Donald，*The Asian Dream：The Pacific Rim and Canada's National Railway*（Vancouver，1986）

McKee，Bill，and Georgeen Klassen，*Trail of Iron：The cpr and the Birth of the West*（Vancouver，1983）

Partikian，Marie-Paule，and Jean-Paul Viaud，*100 Years of Canadian Railway Recipes：All Aboard for an Historic Dining Experience!*（Saint- Constant，Quebec，2014）

Pindell，Terry，*Last Train to Toronto：A Canadian Rail Odyssey*（Vancouver，1992）

袋鼠、鳄鱼和蛋奶酱：在"甘"号铁路上吃遍澳洲内陆

Barnes，Agnes，The C.W.A. *Cookery Book and Household Hints*（Perth，1936）

Easton，Keith，*Narrow Guage Journal*，8：*The Ghan and the Men that Worked the Line*（2003）

Grady，Ian，and Don Fuchs，*The Ghan：Australia's Grand Rail Journey*（Sydney，2007）

Kelly，Tony，*Early Days and Camel Patrols*，www. users.on.net，July 2000

Parker，Heather，*The First Fifty Years：Golden Jubilee History of the South Australian Country Women's Association*（Adelaide，1979）

Pearce，Kenn，*Riding the 'Wire Fence' to the Alice：Memories of the Old Ghan Railway*（Elizabeth，South Australia，2011）

Stevens，Christine，*Tin Mosques and Ghantowns：A History of Afghan Cameldrivers in Australia*（Alice Springs，2002）

速食：在日本的"子弹列车"上品尝便当

Hood，Christopher，*Shinkansen：From Bullet Train to Symbol of Modern Japan*（London，2006）

Kamekura, J., G. Bosker and M. Watanabe, *Ekiben：The Art of the Japanese Box Lunch*（San Francisco, ca, 1989）

Matsumoto Toshimichi, 'Ekiben：Japan's Savory Train Fare', *Japan Quarterly*, xlvii/1（2000）, pp. 65-75

Noguchi, Paul, 'Savor Slowly：The Fast Food of High-speed Japan', *Ethnology*, xxxiii/4（1994）, pp. 317-30

Samuels, Debra, *My Japanese Table*（Rutland, vt, 2016）

来份咖喱，再倒杯茶：在大吉岭—喜马拉雅铁路上怎么吃

Badawy, Emile D., and Lindsay Crow, eds, *The Darjeeling Himalayan Railway：A Photographic Profile*：1962—1998（Studfteld, Victoria, 1999）

Barrie, David, and David Charlesworth, eds, *Going Loopy*（Doncaster, 2005）

Cable, Bob, Darjeeling Revisited：*A Journey on the Darjeeling Himalayan Railway*（Midhurst, West Sussex, 2011）

Martin, Terry, *Halfway to Heaven*（Chester, 2000）

—, *The Iron Sherpa：The History of the Darjeeling Himalayan Railway*（Chester, 2010）

Wallace, Richard, *The Darjeeling Himalayan Railway：A Guide to the dhr*, *Darjeeling and its Tea*, 2nd edn（Kenilworth, 2009）

烤咖喱馅饼、炸南非鳗和巧克力小锅：南非豪华列车上的传统美食

'The Blue Train：A Window to the Soul of Africa', www.bluetrain.co.za

Lewis, C. P., and A. A. Jorgensen, *The Great Steam Trek*（Cape Town, 1978）

Nock, O. S., *Railways of Southern Africa*（London, 1971）

'Rovos Rail', www.rovos.com

'Shosholoza Meyl：A Pleasant Experience', www.shosholozameyl.co.za

Zimmermann, Karl, 'The Grand Trains of South Africa', *Trains*, lxi/2, pp. 62-9

—, *Paradise Regained：A South African Steam Diary*（Oradell, nj, 1979）

作者简介

亚当·巴里克是一位职业研究者与独立学者，专门研究苏格兰的饮食文化。他在澳大利亚出生、成长，曾经在苏格兰生活过十余年。巴里克积极提倡苏格兰拥有丰富有趣的饮食历史这一理念，并且尤其专注于驳斥"苏格兰不久前才发现了可食用的食物"这种广为流传的误解。他曾经为《牛津指南》系列贡献过条目，最近则参与组织和创办各种活动，宣传苏格兰美食的深厚历史与可口风味。巴里克还是利兹饮食史与传统座谈会的委员会成员，曾在牛津食物与烹饪研讨会和利兹食物座谈会上发表过关于苏格兰饮食文化的论文。

亚利·德波尔拥有荷兰乌特勒支大学的艺术与人文硕士学位。他是一位荷兰作家、演讲者和导游，专门研究建筑、设计和铁路史。德波尔是关于铁路史、设计和摄影方面的电子杂志《归程》的创建者，也是古董铁路海报的收藏家，还为荷兰《铁路杂志》和美国《铁路遗产》杂志撰写有关于铁路和旅行海报艺术的固定专栏。德波尔常常踏上旅途，曾在 2012 年乘坐现代列车，沿着传奇的辛普朗东方快车的路线从巴黎前往伊斯坦布尔。2015 年，他制作了"东方快车历史"桌面应用和电子书，其中搭配的历史图片不少是来自他的私人收藏。

朱迪·克洛瑟曾经是一位记者，拥有位于意大利布拉的美食科学大学授予的饮食文化与传播硕士学位。她还是一位获奖作家，用朱迪思·鲍文的笔名创作了 19 部长篇小说和几部中篇小说。克洛瑟为《烹饪杂志：加拿大饮食文化日志》和《新美食家》等出版物撰写了不计其数的饮食文化和历史方面的文章，并编写了《餐桌旁：世界饮食与家庭》（2016）的加拿大词条。克洛瑟在艾伯塔省的一处伐木营地里吃着驼鹿肉和野蓝莓长大，并且曾经沿着加拿大太平洋铁路和加拿大国家铁路，多次纵横交错地在加拿大境内旅行，在此过程中她第一次在列车的餐车里使用了一种令人惊讶的新发明——微波炉。

莎朗·哈金斯是一位获奖作家，在全世界范围内出版了五部非虚构作品，发表过上百篇有关饮食与旅行的文章。哈金斯曾担任大学教授、摄影师和电影制作人，此外还编辑过关于烹饪、旅行、历史和政治学方面的图书，曾为一本美食杂志和其他的饮食期刊担任编辑，在牛津食物与烹饪研讨会上发表过多篇论文，为《牛津百科全书》和《牛津指南》系列撰写有关饮食条目。她是一个狂热的火车迷，在美国、欧洲、非洲和亚洲等地乘坐列车旅行。作为《国家地理·远征》和"史密森尼探路者"[①] 的演讲人，并为了完成西伯利亚的写作任务，哈金斯曾经多次乘坐跨西伯利亚铁路穿越俄罗斯，在这条线路上旅行了超过 65000 公里。她的作品包括旅行回忆录《俄罗斯的另一面：在西伯利亚与俄罗斯远东的一段生活》（2003）和《T 骨牛排与鱼子酱小吃：与两个得州人在西伯利亚和俄罗斯远东下厨》（2018）。她拥有得克萨斯州大学和密歇根大学的政治学（俄罗斯研究、战略研究）和传播（广播—电视—电影）方面的学位。

---

① 史密森尼探路者（Smithsonian Journeys），世界上最大、最丰富、以博物馆为基础的旅游项目。

阿帕拉吉塔·慕克帕德亚在印度获得了学士与硕士学位，并在伦敦大学亚非学院取得了博士学位。她曾任美国马里兰州索尔兹伯里大学的南亚史副教授，目前是"历史中的流动性"博客的书评编辑，这是一份交通与流动性历史国际协会的在线刊物。慕克帕德亚的研究兴趣包括技术社会史、殖民地语境下的基础设施史与技术变迁。她发表的作品包括经同行评审后的期刊文章、书籍章节、书评和一本考察铁路在殖民地印度社会的影响的专著。她曾经搭乘火车在印度境内到处旅行，在英国、欧洲大陆和美国境内也是如此。

戴安娜·诺伊斯拥有澳大利亚阿德莱德大学的烹饪学硕士学位，多年来始终研究和教授饮食史与饮食文化。她曾在多场会议上发表过论文，并在广至牛津与南极州的不同会议场馆中进行过演讲，其中包括欧洲饮食史国际研究委员会、牛津食物与烹饪研讨会和澳洲美食研讨会。诺伊斯也曾在纸质刊物、在线刊物和报纸上发表过多篇文章，涉及国际会展、查尔斯·达尔文和食品与战争等各种主题。

梅丽·怀特是波士顿大学的人类学教授，专业方向为日本社会、物质文化与食物人类学。她在哈佛大学取得了学士、硕士与博士学位。怀特的作品包括多部有关日本的图书与两本烹饪书，其中之一最近推出了四十周年纪念版。她最新出版的图书是《日本的咖啡生活》，是一部通过作为公共空间的咖啡馆观察日本社会、政治与经济的研究著作，被食物与社会研究会授予2013年最佳食物书奖。怀特最近正在撰写新书《世界饮食史》。她因一生致力于日本研究荣获日本学会授予的约翰·塞耶三世奖，还获得了日本政府颁发的旭日勋章。

卡尔·齐默尔曼是24本书的作者和共同作者，这些书几乎全部与火车有关。第一本书《CZ：加利福尼亚和风号的故事》与最新的《通向远方的小火车》，时间跨度长达数十年。他的文章刊登在许多报刊上，包括《纽约时报》《华盛顿邮报》《旅行与休闲》《邮轮旅行》《好胃口》和《美食家》。他还为美国的《列车》《火车迷与铁道》《经典列车》《机车与铁路保护》《铁路模型工匠》和《客车日志》等火车迷杂志写过多篇文章，并担任

《客车日志》的北美城际铁路专栏作家。齐默尔曼曾经乘坐火车在南北美洲、欧洲、澳大利亚、亚洲和南非旅行。

致　谢

三明治、咸点和草莓菲士：在疾驰的"飞翔的苏格兰人"号上用餐——亚当·巴里克

多谢约克国家铁路博物馆的工作人员，尤其是收藏与研究部的搜索引擎助理彼得·索普提供的友善帮助。感谢亚利·德波尔提供"飞翔的苏格兰人"号的图片。感谢莎朗·希金斯乘坐"飞翔的苏格兰人"号的个人回忆。感谢我的家人与朋友试吃菜品。

法国香槟，土耳其咖啡：东方快车上的飨宴与急速飞驰——亚利·德波尔

感谢我的旅伴本·布里格曼。感谢马尔让·凡·奥斯特拉姆对我的东方快车研究与写作的支持与反馈。感谢拉斯·凡·德沃乌的英语校对。尤其感谢莎朗·希金斯改进与试做东方快车的菜谱。

从鱼子酱到神秘的肉：在跨越欧亚大陆的西伯利亚铁路上吃饭——莎朗·哈金斯

特别感谢《国家地理·远征》和"史密森尼探路者"，给我提供了乘坐跨西伯利亚铁路列车的机会。多谢"金鹰"号豪华列车有限公司的主席蒂姆·利特尔和运营经理玛丽亚·林克，以及"金鹰"号跨西伯利亚特快列车上的高级列车经理塔坦娜·格勒尼科娃、总厨伊尔科穆丁·卡莫洛夫和其他厨师。感谢摄影师与厨师汤姆·希金斯，铁路史、设计和摄影方面的电子杂志《归程》的亚利·德波尔，以及 www.burtonholmes.org 的出版人迈克尔·旺德。

全体上车：圣塔菲"超级酋长"号上的经典美式菜单——卡尔·齐默尔曼

感谢由爱奇逊、托皮卡与圣塔菲铁路公司（现在是 BNSF 铁路公司的一部分）的公

共关系工作人员。三十年前，在我撰写一本关于此主题的书时，他们慷慨地从档案中为我提供了图片和其他历史资料，本书的这个章节正是来自上述图书。我还要感谢我的妻子劳蕾尔，这位优秀的厨师选择、改进和试验了菜谱，让它们适宜家庭厨房。

红鲑鱼和萨斯卡通浆果馅饼：加拿大长途旅行中的风味食品——朱迪·克洛瑟

感谢加拿大 VIA 铁路的工作人员，尤其是丹尼斯·赫恩、约瑟芬·瓦希和路易斯·贝勒玛尔。感谢魁北克省圣康斯坦加拿大铁路博物馆的馆长让－保罗·维奥和档案管理员约瑟·瓦勒朗。感谢朱莉娅·戴克斯特拉、铁路爱好者大卫·加尼翁和提供有益建议的 P. J. 克拉蒙德。感谢非同一般的旅伴玛姬·克里尔、西海岸铁路协会的会长崔佛·米尔斯、摄影师大卫·古柏勒。感谢测试与试吃菜品的家人。感谢"加拿大人"号上的服务人员，与我分享他们的深刻见解。

袋鼠、鳄鱼和蛋奶酱：在"甘"号铁路上吃遍澳洲内陆——戴安娜·诺伊斯

多谢澳大利亚的大南方铁路。感谢公共关系与活动协调员阿米莉亚·米歇尔、列车经理格雷格·费舍尔、高级部门主厨约瑟夫·科比亚克和部门主厨罗素·西摩。感谢南澳大利亚州阿德莱德港国家铁路博物馆的加布里尔·塞克斯顿。感谢提供热心帮助的肯·皮尔斯。特别感谢北领地档案服务的档案服务官员伊丽莎白·玛妮。多谢品尝和试做菜谱的朋友。作者承蒙大南方铁路的"甘"号列车的帮助进行旅行。

速食：在日本的"子弹列车"上品尝便当——梅丽·怀特

我感谢德布拉·塞缪尔斯和伊丽莎白·安东的启发和建议。安倍千惠的细心研究带来了难以估量的价值，中村纪子为这个项目贡献了重要资料。古斯·兰卡托尔和本杰明·沃尔加夫特积极参与收集日本的车站便当，并提供了有说服力的观察。

来份咖喱，再倒杯茶：在大吉岭—喜马拉雅铁路上怎么吃——阿帕拉吉塔·慕克帕德亚

我真切地感谢伦敦的英国图书馆亚非浏览室的工作人员，他们为我找到了相关的研究材料。感谢华盛顿特区的国会图书馆亚洲浏览室的工作人员，感谢他们的帮助，尤其

是在寻找孟加拉地区游记过程中提供的协助。多谢英国的大吉岭—喜马拉雅协会。感谢摄影师泰德·斯卡尔和布鲁斯·安德森，www.inditales.com 的安努拉德哈·戈耶尔，以及彼得·乔丹和莎朗·哈金斯为本章节做出的宝贵贡献。

烤咖喱馅饼、炸南非鳗和巧克力小锅：南非豪华列车上的传统美食——卡尔·齐默尔曼

感谢火车迷汤姆·柯尔塞克，他帮助我规划了 1977 年的首次南非列车旅行的行程。关于我在 2000 年的南非火车之旅，我要感谢南非旅游部、南非国家交通运输集团有限公司（蓝色列车的运营商）、罗沃斯铁路（"非洲之傲"号的运营商），尤其是罗沃斯铁路的所有者罗汉·沃斯。我的妻子和我在 2000 年一起旅行，她试做了菜谱，并让我品尝做好的菜肴。

图书在版编目（CIP）数据

流动的餐桌：世界铁路饮食纪行/（美）莎朗·哈
金斯主编；徐唯薇译. —杭州：浙江大学出版社，
2021.6
（启真·闲读馆）
书名原文：Food on the Move: Dining on the
Legendary Railway Journeys of the World
ISBN 978-7-308-21172-7

Ⅰ.①流… Ⅱ.①莎…②徐… Ⅲ.①散文集—美国
—现代 Ⅳ.① I712.65

中国版本图书馆 CIP 数据核字（2021）第 051745 号

审图号：GS（2021）2417 号

流动的餐桌：世界铁路饮食纪行

［美］莎朗·哈金斯 主编　徐唯薇 译

责任编辑	周红聪	
责任校对	董齐琪	
装帧设计	周伟伟	
出版发行	浙江大学出版社	
	（杭州天目山路 148 号　邮政编码 310007）	
	（网址：http:// www.zjupress.com）	
排　　版	北京楠竹文化发展有限公司	
印　　刷	北京中科印刷有限公司	
开　　本	787mm×1092mm　1/16	
印　　张	17	
字　　数	330 千	
版 印 次	2021 年 6 月第 1 版　2021 年 6 月第 1 次印刷	
书　　号	ISBN 978–7–308–21172–7	
定　　价	138.00 元	